电子商务专业校企双元育人教材系列

全国现代学徒制工作专家指导委员会指导

电商 新媒体应用
ELECTRONIC COMMERCE

主　编	胡玲玲	河北化工医药职业技术学院
	蒋志涛	北京好药师大药房连锁有限公司
副主编	王子建	河北化工医药职业技术学院
	吴明霞	泉州财贸职业技术学校
	吴润明	河北化工医药职业技术学院
编　委	刘海燕	石家庄工商职业学院
	史婷婷	河北建材职业技术学院
	杨　晶	唐山职业技术学院
	易　佩	石家庄市机械技工学校
	支旭慧	河北商贸学校
	张丁丁	北京好药师大药房连锁有限公司
	郭　冲	北京好药师大药房连锁有限公司
	宗　良	山东云媒互动网络科技有限公司
	李世峰	厦门一课信息技术服务有限公司
	张艺严	厦门一课信息技术服务有限公司

复旦大学出版社

内容提要

本教材是适应现代学徒制的特色教材，涵盖了新媒体文章内容制作、新媒体短视频制作、新媒体平台运营三大模块。三大模块不是相互独立的，而是采取了"循序渐进，理论后有实操，实操后能运营"的表达思路——这才是编写本教材的真正目的。本教材由6个项目、24个任务组成，分为三大模块。其中，模块一为新媒体文章内容制作，学习新媒体网络编辑基础，主要内容为文章文字排版与处理、文章图片处理、H5页面制作，重点介绍了历史类、星座类、情感类三大类型文章写作，以实例讲解了在写作过程中的各种技巧与要点。模块二为新媒体短视频制作，基于新媒体短视频拍摄实操，重点介绍了短视频脚本制作、拍摄方法以及手机及电脑的剪辑与后期处理方法。通过前两个模块的学习，可以独立完成新媒体文章与新媒体短视频成品的制作，为模块三的内容做好准备。模块三为新媒体平台运营，深入讲解新媒体文章平台与新媒体短视频平台。文章平台主要针对今日头条、简书、百家号、大鱼号说明，短视频平台主要针对抖音、快手、哔哩哔哩、西瓜、美拍、微视说明，深入讲解各平台的推广运营方法，及其变现模式。通过各任务的学习，学生能够掌握电商新媒体的制作与运营方法，具备运营人员必备的基本技能。

本教材面向新媒体运营、网络编辑、网络营销、电子商务等新媒体学徒岗位，适用于高职电子商务专业，主要面向新媒体运营岗位。

本套系列教材配有相关的课件、视频等，欢迎教师完整填写学校信息来函免费获取：xdxtzfudan@163.com。

序言 FOREWORD

党的十九大要求完善职业教育和培训体系,深化产教融合、校企合作。自2019年1月以来,党中央、国务院先后出台了《国家职业教育改革实施方案》(简称"职教20条")、《中国教育现代化2035》《关于加快推进教育现代化实施方案(2018—2022年)》等引领职业教育发展的纲领性文件,为职业教育的发展指明道路和方向,标志着职业教育进入新的发展阶段。职业教育作为一种教育类型,与普通教育具有同等重要地位,基于产教深度融合、校企合作人才培养模式下的教师、教材、教法"三教"改革,是进一步推动职业教育发展,全面提升人才培养质量的基础。

随着智能制造技术的快速发展,大数据、云计算、物联网的应用越来越广泛,原来的知识体系需要变革。如何实现职业教育教材内容和形式的创新,以适应职业教育转型升级的需要,是一个值得研究的重要问题。国家职业教育教材"十三五"规划提出遵循"创新、协调、绿色、共享、开放"的发展理念,全面提升教材质量,实现教学资源的供给侧改革。"职教20条"提出校企双元开发国家规划教材,倡导使用新型活页式、工作手册式教材并配套开发信息化资源。

为了适应职业教育改革发展的需要,全国现代学徒制工作专家指导委员会积极推动现代学徒制模式下之教材改革。2019年,复旦大学出版社率先出版了"全国现代学徒制医学美容专业'十三五'规划教材系列",并经过几个学期的教学实践,获得教师和学生们的一致好评。在积累了一定的经验后,结合国家对职业教育教材的最新要求,又不断创新完善,继续开发出不同专业(如工业机器人、电子商务等专业)的校企合作双元育人活页式教材,充分利用网络技术手段,将纸质教材与信息化教学资源紧密结合,并配套开发信息化资源、案例和教学项目,建立动态化、立体化的教材和教学资源体系,使专业教材能够跟随信息技术发展和产业升级情况,及时调整更新。

校企合作编写教材,坚持立德树人为根本任务,以校企双元育人,基于工作的学习为基本思路,培养德技双馨、知行合一,具有工匠精神的技术技能人才为目标。将课程思政的教育理念与岗位职业道德规范要求相结合,专业工作岗位(群)的岗位标准与国家职业标准相结合,发挥校企"双元"合作优势,将真实工作任务的关键技能点及工匠精神,以"工程经验""易错点"等形式在教材中再现。

校企合作开发的教材与传统教材相比,具有以下三个特征。

1. 对接标准。基于课程标准合作编写和开发符合生产实际和行业最新趋势的教材,而这些课程标准有机对接了岗位标准。岗位标准是基于专业岗位群的职业能力分析,从专业能力和职业素养两个维度,分析岗位能力应具备的知识、素质、技能、态度及方法,形成的职业能力点,从而构成专业的岗位标准。再将工作领域的岗位标准与教育标准融合,转化为教材编写使用的课程标准,教材内容结构突破了传统教材的篇章结构,突出了学生能力培养。

2. 任务驱动。教材以专业(群)主要岗位的工作过程为主线,以典型工作任务驱动知识和技能的学习,让学生在"做中学",在"会做"的同时,用心领悟"为什么做",应具备"哪些职业素养",教材结构和内容符合技术技能人才培养的基本要求,也体现了基于工作的学习。

3. 多元受众。不断改革创新,促进岗位成才。教材由企业有丰富实践经验的技术专家和职业院校具备双师素质、教学经验丰富的一线专业教师共同编写。教材内容体现理论知识与实际应用相结合,衔接各专业"1+X"证书内容,引入职业资格技能等级考核标准、岗位评价标准及综合职业能力评价标准,形成立体多元的教学评价标准。既能满足学历教育需求,也能满足职业培训需求。教材可供职业院校教师教学、行业企业员工培训、岗位技能认证培训等多元使用。

校企双元育人系列教材的开发对于当前职业教育"三教"改革具有重要意义。它不仅是校企双元育人人才培养模式改革成果的重要形式之一,更是对职业教育现实需求的重要回应。作为校企双元育人探索所形成的这些教材,其开发路径与方法能为相关专业提供借鉴,起到抛砖引玉的作用。

全国现代学徒制工作专家指导委员会主任委员

广东建设职业技术学院校长

博士,教授

2020 年 7 月

前言 Preface

电商新媒体应用是新媒体运营的基础课程,旨在通过本课程的学习,形成对新媒体应用的系统而清晰的认识,掌握文档、视频处理的工具、方法,掌握文章撰写与短视频拍摄技巧。

随着科技的飞速发展,新媒体越来越受到人们的关注,成为人们议论的热门话题。新媒体在业界的繁荣,也使得学界对其研究进一步加强;企业已经意识到新媒体文章、短视频对于行业发展的重要性,纷纷成立新媒体运营部门。作为投入小、宣传传播力度大的新兴行业,新媒体运营成为大多数企业的宣传优选,在创造数千万就业机会的同时,也存在着巨大的人才缺口。

本教材以新媒体文章编辑与撰写、短视频拍摄与剪辑、各大主流新媒体平台运营为立足点,涵盖了基础的办公软件、手机剪辑软件以及电脑剪辑软件,帮助学生快速、直观、深入地了解电商新媒体应用的基础工作要求,掌握短视频拍摄思路与方法,使学生能够根据专题工作要求,撰写、拍摄出合适的文章及短视频,提升学生的适岗能力。让学生在学校就知道自己将来做什么、怎么做,发展方向是什么,让学生最大限度地了解企业,明确企业具体需求,为学生的角色转换起到正确的指导作用。本教材面向新媒体运营、网络编辑、网络营销、电子商务等新媒体学徒岗位,适用于高职电子商务专业,主要面向新媒体运营岗位。

本教材由胡玲玲和蒋志涛担任主编,负责全书的整体设计和总纂定稿,并组织具有丰富经验的专业教师和企业专家共同编写。具体编写情况如下:模块一的项目一由胡玲玲编写,项目二由吴明霞、刘海燕、张丁丁编写;模块二的项目三由王子建、史婷婷、宗良、郭冲、张艺严、支旭慧编写,项目四由吴润明、杨晶编写;模块三的项目五由蒋志涛、李世峰、易佩编写，项目六由胡玲玲编写。

  本教材在编写过程中，得到河北省中高职教师素质协同提升项目"名师工作室（电子商务）"2017级国培班成员及其学校、厦门一课信息技术服务有限公司等企业，以及复旦大学出版社的精心指导和大力支持。在此，对各位专家、老师们的辛勤工作表示衷心的感谢！

  由于编者水平有限，加上时间仓促，书中存在的疏漏和不足之处，恳请各位专家、广大读者批评指正并提出宝贵意见，以便今后进一步修订完善。

作者

2020年7月

目 录 CONTENTS

模块一　新媒体文章内容制作

项目一　网络编辑基础 1-1
　　任务 1　新媒体文章文字排版与处理 1-2
　　任务 2　新媒体文章图片处理 1-12
　　任务 3　新媒体文章 H5 页面制作 1-21

项目二　文章内容创作 2-1
　　任务 1　历史类文章内容创作 2-2
　　任务 2　星座类文章内容创作 2-8
　　任务 3　情感类文章内容创作 2-15

模块二　新媒体短视频制作

项目三　短视频拍摄 3-1
　　任务 1　美食类短视频拍摄 3-2
　　任务 2　商品类短视频拍摄 3-8
　　任务 3　Vlog 类短视频拍摄 3-14
　　任务 4　舞蹈类短视频拍摄 3-20
　　任务 5　搞笑类短视频拍摄 3-24
　　任务 6　技术流短视频拍摄 3-29

项目四　短视频剪辑与后期处理 4-1
　　任务 1　用 Pr 软件剪辑短视频 4-2
　　任务 2　用手机剪辑软件剪辑短视频 4-25

模块三　新媒体平台运营

项目五　新媒体文章平台发布与运营 5-1
  任务 1　今日头条平台发布与运营 5-2
  任务 2　简书平台发布与运营 5-11
  任务 3　百家号平台发布与运营 5-18
  任务 4　大鱼号平台发布与运营 5-24

项目六　新媒体短视频平台发布与运营 6-1
  任务 1　抖音短视频发布与运营 6-2
  任务 2　快手短视频发布与运营 6-9
  任务 3　哔哩哔哩短视频发布与运营 6-17
  任务 4　西瓜短视频发布与运营 6-24
  任务 5　美拍短视频发布与运营 6-30
  任务 6　微视短视频发布与运营 6-35

模块一 新媒体文章内容制作

> 熟练使用内容编辑工具编辑文章,根据不同主题撰写不同的内容,是每个新媒体人必备的技能。
>
> 本模块将详细学习新媒体文章内容的排版处理、图片处理、H5 页面制作,以及历史类、星座类、情感类等不同主题类型的新媒体文章写作方法。采用理论与实训相结合的教学方式,让学生熟练掌握新媒体文章编辑制作方法,能够独立完成新媒体文章内容写作。

项目一 网络编辑基础

熟练掌握各种编辑工具的使用方法是新媒体编辑工作者的必备素质。在日常工作中,为了给用户最优的阅读体验,新媒体文字编辑经常需要处理发布的文字、图片、页面等。本项目将通过 3 个任务,采用理论与实际工作相结合的方式,让学生掌握文字处理、图片处理以及 H5 页面制作等内容编辑的技巧。

电商新媒体应用

任务 1　新媒体文章文字排版与处理

学习目标

1. 熟悉新媒体文章文字基础排版要求和技巧。
2. 掌握文字优化排版的具体操作。
3. 能独立使用文字排版工具排版美化。
4. 能独立制作创意文字云。

任务描述

使用 Office 等办公软件排版是网络编辑的基本功。但是，大部分文章发布到新媒体平台时还需要经过二次排版，费时费力。很多第三方编辑器可以轻松地做到创意排版和一键发布，深受新媒体从业者的喜爱。现需要你运用第三方编辑器，作文字创意排版以及创意文字的制作，进一步掌握文字基础排版的操作方法。

任务分析

合格的新媒体编辑不仅要写得一手好文章，更要重视编辑排版的规范。在碎片化、快节奏的新媒体时代，优秀的排版可以让文章结构更加清晰，传达逻辑更为顺畅，用户容易理解，便于快速扫读。也能让文章整体美观大方，增强视觉传达效果，赋予版面审美价值，真正让阅读成为享受。

在本任务的学习和操作过程中，一定要熟悉文字编辑排版工具的界面及功能，否则常常会在操作中花很多时间找工具、按钮。另外，一定要避免过度排版，颜色不要过多，风格要一致，样式不要过于繁杂。

任务准备

1. 网络环境稳定的机房或者移动设备。
2. 下载、安装 WPS 2018 版办公软件。
3. 进入"135 编辑器"官网，查看"使用教程"。
4. 下载素材（演示素材和拓展训练素材可从课程素材库中下载）。

任务实施

一、文字基础排版

一篇未经排版的文章，阅读起来很困难，通过 WPS 2018 排版可以使其更容易阅读。

步骤 1：统一字体。按快捷键[Ctrl]+[A]选中全文，在字体框中选择想要的字体，如

图1-1-1所示。

步骤2：统一字号。正文是文章中篇幅最大的，因此可以先按正文统一全文的字号。然后，需要时再进行小范围更改（如标题），如图1-1-2所示。

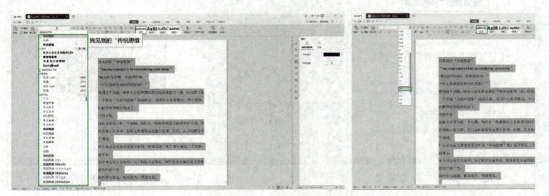

图1-1-1　全选文字，选择字体　　　　图1-1-2　选择字号

步骤3：设置行间距。在全选状态下点击鼠标右键，选择"段落"→"行距（多倍行距）"，输入设置的参数值，如图1-1-3、图1-1-4所示。

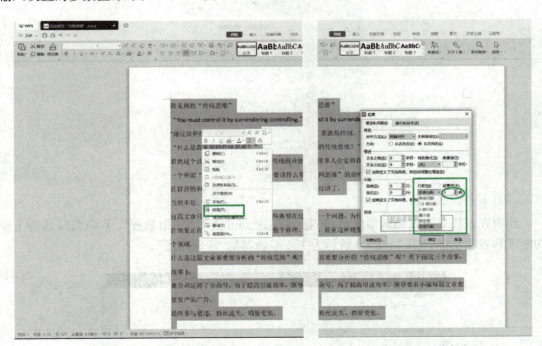

图1-1-3　选择段落　　　　图1-1-4　选择行距

步骤4：调整标题。更改标题字体、字号，包括主标题和小标题，如图1-1-5所示。

步骤5：调整图片。整篇文章中图片的宽度要保持一致。点击图片，设置统一的大小并居中，如图1-1-6所示，宽度设置为12cm。

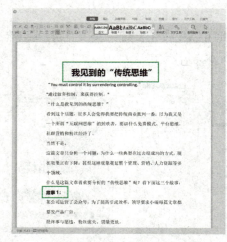

图1-1-5 标题设置

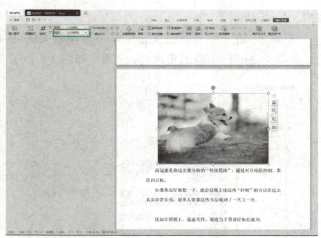

图1-1-6 设置图片宽度

步骤6：根据具体情况设置。如图1-1-7所示，设置首行缩进2字符，小标题更改颜色，以便阅读。

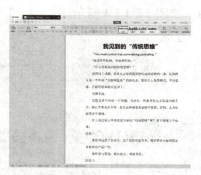

图1-1-7 设置首行缩进

二、文字创意排版

建议在使用第三方编辑器之前，先花10～20 min查看"使用教程"，了解编辑器的主要功能区和各项功能。图1-1-8所示为135编辑器的"常见问题"。

图1-1-8 135编辑器的常见问题

步骤1：登录。打开浏览器，输入 https://www.135editor.com/，打开135编辑器，右上角点击"登录"。登录成功后回到首页，如图1-1-9、图1-1-10所示。

图1-1-9　135编辑器登录界面

图1-1-10　135编辑器首页

步骤2：粘贴文章。使用Word软件打开素材，将复制的文字内容粘贴到编辑区，全选后调整行间距和字间距，如图1-1-11所示。

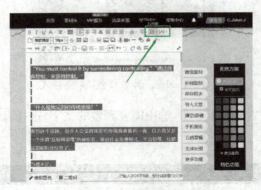

图1-1-11　调整行间距和字间距

步骤3：设置标题样式。编辑器提供标题、正文、引导、图文和布局5种样式，可以单独调整，如图1-1-12所示。调整标题，选择框线标题，选中需要应用样式的文字，点击"样式"。通过右侧的配色方案更改颜色，如图1-1-13所示。

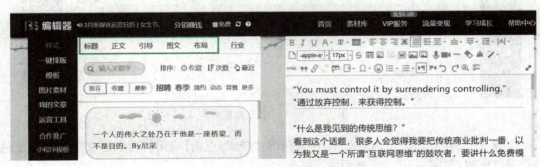

图1-1-12　设置标题样式

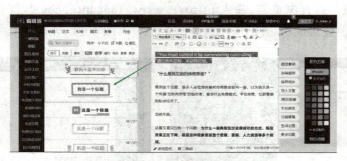

图 1-1-13　选择标题样式

步骤 4：清除样式。如果需要取消样式，只要点击应用样式的文字，在跳出的对话框中选择"清除样式"，如图 1-1-14 所示。

图 1-1-14　调整颜色、清除样式

步骤 5：调整正文。方法同上一步，选中需要调整的文字，选择喜欢的样式，如图 1-1-15 所示。

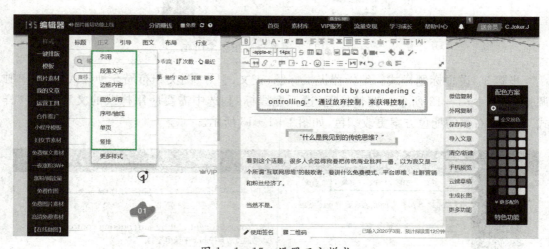

图 1-1-15　设置正文样式

步骤 6：图片版式。先选中图片，再选择图片样式，点击【应用】，再根据文章的整体配色进行颜色更改，如图 1-1-16 所示。

项目一　网络编辑基础

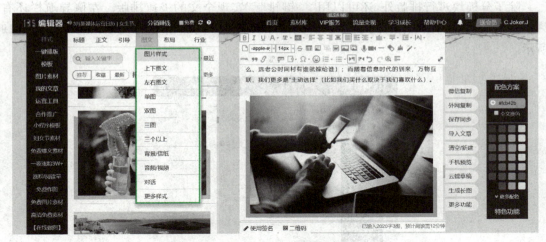

图 1-1-16　设置图文版式

步骤 7：设置文章结尾。在文章结尾需要加入引导，告知读者文章到这里结束，引导关注公众号或者转发，如图 1-1-17 所示。

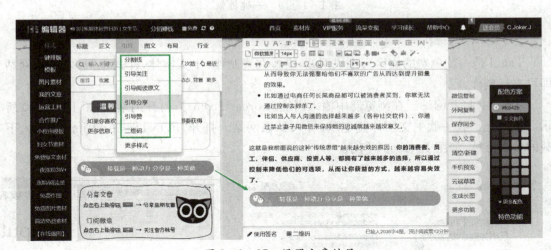

图 1-1-17　设置文章结尾

步骤 8：生成长图。排版完成后点击右边"生成长图"，再选择长图的宽度，可以直接下载长图，如图 1-1-18 所示。

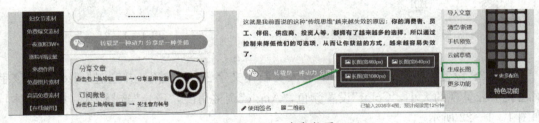

图 1-1-18　生成长图

除了分模块进行排版外，还可以用"一键排版"实现全文的极速排版。左侧导航栏还有许多实用的功能，有兴趣的同学可以研究一下，可做出更加精美的文章，如图1-1-19所示。

图1-1-19 一键排版

三、制作文字云

Tagul是一款免费的文字云生成网站，支持在线制作、中文字体，样式也很多，进入网站即可自行制作。

步骤1：打开网站。在浏览器中输入网址（wordart.com/），打开网站，如图1-1-20所示。在网上下载一款中文字体到电脑，导入到该网站。打开"FONTS—Add font"，导入下载的中文字体，如图1-1-21所示。

图1-1-20 Tagul网站

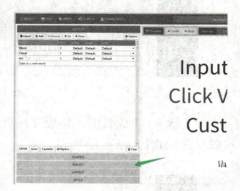

图1-1-21 导入字体

步骤2：设置关键词。点击"Add"输入要制作文字云的关键字，并通过"Size"设置该字词在文字云呈现的大小，"Color"设置颜色，"Angle"调整角度，"Font"选择字体（中文字体），如图1-1-22所示。

WORDS

Import | Add | Remove | Up | Down | Options

Filter	Size	Color	Angle	Font
四六级	100	Default	Default	风雨大钢笔行楷
食堂	66	Default	Default	风雨大钢笔行楷
图书馆	64	Default	Default	风雨大钢笔行楷
挂科	44	Default	Default	风雨大钢笔行楷
谈恋爱	43	Default	Default	风雨大钢笔行楷
考研	33	Default	Default	风雨大钢笔行楷
社团	23	Default	Default	风雨大钢笔行楷
聚会	20	Default	Default	风雨大钢笔行楷
学生会	3	Default	Default	风雨大钢笔行楷
留学	1	Default	Default	风雨大钢笔行楷
快递	1	Default	Default	风雨大钢笔行楷
暑假	1	Default	Default	风雨大钢笔行楷
寒假	1	Default	Default	风雨大钢笔行楷

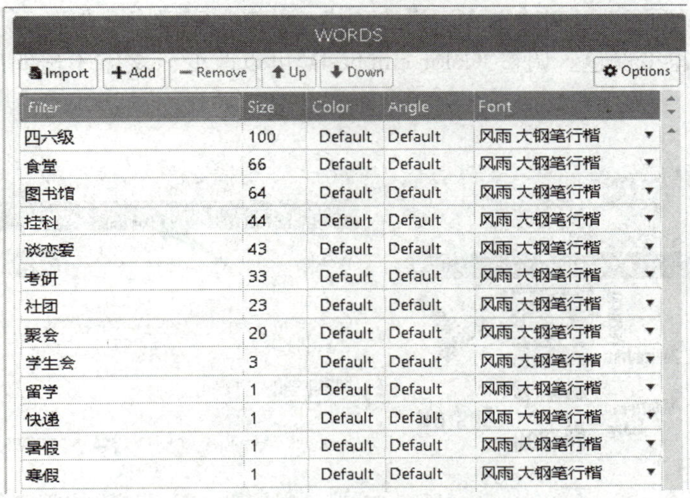

图 1-1-22 关键词

步骤 3：上传图形。打开“SHAPE”选项卡，点击“Add image”，上传准备好的文字云图形，如图 1-1-23 所示。点击“open image from your computer”，找到要上传的图片，确认上传。调整“Threshold”和“Edges”的数值，勾选“Negative”（反选），图形呈现蓝色即可，如图 1-1-24 所示。

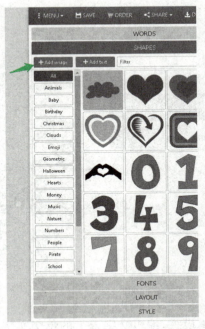

图 1-1-23 上传文字云形状

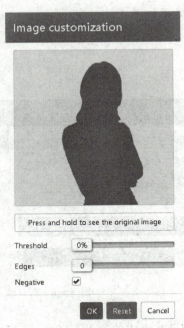

图 1-1-24 设置形状属性

步骤 4：选择排版方式。打开“LAYOUT”选项卡，选择排版方式。点击“Define”，可以自定义文字的数量和密度，如图 1-1-25 所示。

步骤5：文字颜色。点击"STYLE"选项卡，调整文字颜色。"Shape"直接套用模板，"Custom"自定义渐变颜色。调整"Color emphasis"可以改变云文字不透明度，如图1-1-26所示。

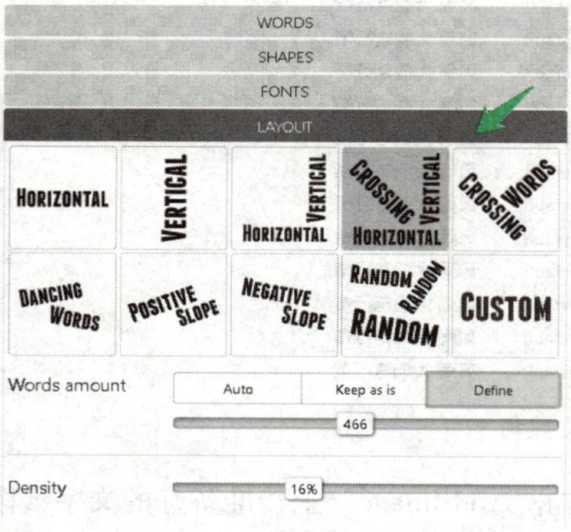

图1-1-25　选择排版方式 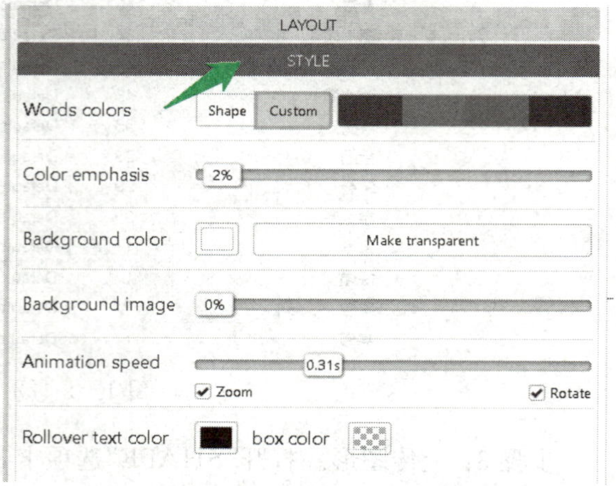　　　　　　　图1-1-26　文字云颜色

步骤6：点击生成。设置完成后，点击右上侧"Visualize"直接生成文字云，如图1-1-27所示，效果如图1-1-28所示。

图1-1-27　生成文字云 　　　　　　　图1-1-28　生成的效果图

如果对生成的效果不满意，还可以用"Edit"编辑模式，编辑文字云上的单个文字，如拖动、放大、缩小、旋转和更改颜色，如图1-1-29所示。

步骤7：下载。文字云生成后，点击"DOWNLOAD"，即可下载和分享，如图1-1-30所示。

图1-1-29 编辑效果模式

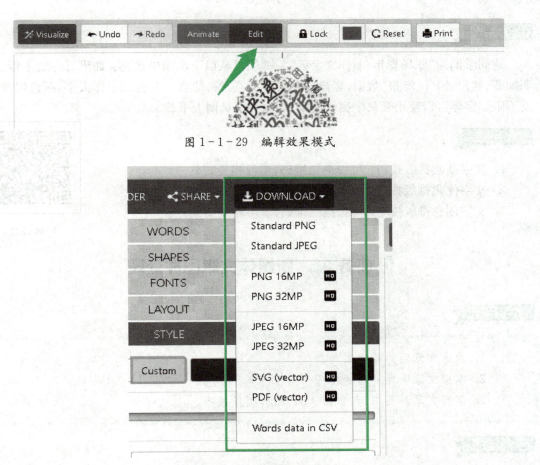

图1-1-30 文字云下载

注：HQ为超清模式，下载需要收费，Standard（标准）模式为免费下载。若无特殊需求，标准模式足够。

任务评价

根据表1-1-1任务内容进行自检。

表1-1-1 文字排版与处理学习评价表

序号	鉴定评分点	分值	评分
1	能运用办公软件对文章的文字进行基础排版，排版后的文章整洁、设置合理	30	
2	能运用第三方编辑器对文章的文字进行创意排版，排版后的文章美观，有良好的阅读体验	40	
3	能独立制作文字云	30	

电商 新媒体应用

能力拓展

请同学们为"职场青年"制作文字云,关键词可从以下选项中挑选:加班、休息、午饭、升职加薪、熬夜、PPT、海报、数据、客户、淘宝、健身、聚餐、约会。关键词字体大小、颜色以及角度不限。字体可以使用素材中提供的字体,也可以从网上下载。

知识链接

1. 文字基础排版技巧:可扫描二维码,学习相关文案。
2. 文字优化排版技巧:可扫描二维码,学习相关文案。
3. 文字创意排版技巧:可扫描二维码,学习相关文案。

知识链接

任务 2　新媒体文章图片处理

学习目标

1. 熟悉文章图片处理工具。
2. 掌握文章图片处理的技巧。
3. 掌握文章封面图、九宫图、GIF 图的制作技巧。

任务描述

在读图时代,作为视觉化呈现的重要一环,图片的重要性不言而喻。无论是微信公众号、微博头条,还是今日头条,都需要为文章配图。与传统媒体不同的是,新媒体配图更加多样化,既有常规的图片插入,又有衬托文字场景的 GIF 图,还有承载更多内容的信息长图等。现需要你运用封面图、ICON(矢量)图标、九宫图、GIF 图等 4 种常用方法,制作一张新媒体文章图片。

任务分析

新媒体编辑经常需要为文章配图,比如封面图、文章插图。图文并茂的文章往往更能吸引读者,阅读体验较好。在学习和实操过程中,要熟练掌握各种工具的使用,且能根据图片制作的要求,快速找到合适的素材,确保图片美观、文案主题统一。

PPT、PhotoShop 以及其他合成软件如美图秀秀,都可以实现常见图片处理。但鉴于 PS 有难度,所以本任务采用办公软件 WPS。

任务准备

1. 网络环境稳定的机房或者移动设备。

2. 下载、安装 WPS 2018 版办公软件。
3. 根据任务要求准备素材图片和视频。
4. 下载、解压视频录制软件,并熟悉其操作方法。

任务实施

一、封面图制作

要制作的封面图效果如图 1-2-1 所示。PPT 制作封面图的操作步骤如下。

图 1-2-1 封面图效果

步骤 1:修改幻灯片的尺寸。依次单击幻灯片顶部"设计"→"幻灯片大小"→"自定义",设置幻灯片大小,如图 1-2-2 所示。

图 1-2-2 修改尺寸

步骤 2:在弹出的对话框中设置"全屏显示"(16∶9),点击【确定】按钮,如图 1-2-3 所示。

图 1-2-3　设置全屏显示(16∶9)

步骤3：插入素材图片(素材可以自己找)。设置好幻灯片尺寸后，点击幻灯片顶部"插入"→"图片"，插入图片，如图1-2-4所示。

图 1-2-4　插入图片

步骤4：鼠标左键单击图片任意一个角，按住鼠标拖动，等比拉伸，直到图片完全覆盖幻灯片。

步骤5：加橙色透明背景。在幻灯片顶部，依次选择"插入"→"形状"→"矩形"，按下鼠标左键拖拽出一个矩形，覆盖整个幻灯片，如1-2-5所示。

步骤6：鼠标左键双击矩形，在幻灯片右侧弹出窗口中依次选择"填充"，颜色为黄色，填充透明度为96%，线条为无线条，如图1-2-6所示。

图 1-2-5　插入矩形　　　　　　　　图 1-2-6　填充矩形背景

步骤7：加方框。在幻灯片顶部依次选择"插入"→"矩形"，按下[Shift]键，同时按下鼠标左键，拖拽出一个长方形并居中。

步骤8：鼠标左键双击长方形，在幻灯片右侧弹出窗口中选择"填充"为纯色填充，颜色为浅蓝色，不透明度为45，线条为无线条，其他默认，得到一个蓝色方框，如图1-2-7所示。

图1-2-7　蓝色长方形方框

步骤9：添加文字。在幻灯片顶部依次选择"插入"→"文本框"，如图1-2-8所示。

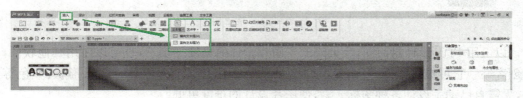

图1-2-8　插入文本框

步骤10：在文本框中先输入文字。然后选中文字，设置颜色和字体、字号，居中放入蓝色框中。然后给文本添加"向下偏移"的阴影，如图1-2-9所示。

图1-2-9　编辑文字

步骤11：封面图。封面图设置完成后，导出图片即可上传至相应平台使用。单击幻灯片左上方"文件→导出→更改文件类型"，向下滑动当前页面，选择"PNG 可移植网络图形格式"或"JPEG 文件交换格式"，点击"另存为"，将当前幻灯片保存为所选格式的图片，如图 1-2-10 所示。

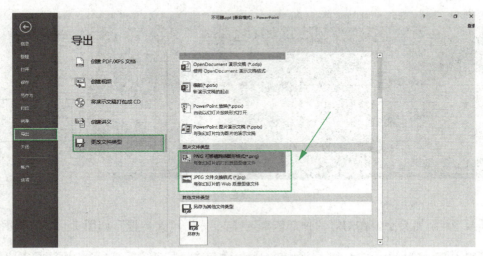

图 1-2-10　导出图片

以上用 PPT 设计封面图，大大降低了图片设计的难度。当然，也可以使用其他软件，比如创客贴。它可提供丰富、可自定义且免费的商用图片、图标、字体、线条、形状、颜色等素材，无需自己动手设计各种图标元素，使图片设计的难度更低。

二、九宫图制作

九宫图又名九宫格图，由 9 个方格组成。借用 9 个方格之间的关系，可以在海报设计以及社交媒体配图设计方面发挥更多创意。

1. 竖版海报九宫图

竖版海报是新媒体平台上常见的配图形式，而九宫图海报的设计就是社交媒体常用的配图之一。

步骤1：设计幻灯片大小。新建空白 PPT 文档，单击"设计"选项卡→"幻灯片大小"→"自定义幻灯片大小"，方向选择纵向，宽度和高度根据需要设定，如图 1-2-11 所示。单击【确定】按钮，调整为竖版幻灯片。

步骤2：拼出九宫图。选择"插入"选项卡→"形状"→"矩形"，按住[Shift]键，按下鼠标左键并拖动，得到一个正方形。再复制出 8 张正方形图片，对齐排版成九宫格样式。

步骤3：裁剪图片。选择"插入"选项卡，插入海报中需要添加的图片。双击图片，在"格式"选项卡中单击"裁剪"，选择"纵横比"为正方形 1∶1。可通过鼠标调整裁剪范围，如图 1-2-12 所示。

步骤4：填充图片。复制调整后的正方形图片。选中任一方块并右键单击，"设置图片格式"，如图 1-2-13 所示。在 PPT 右侧调出相应菜单，"填充"→"图片或纹理填充"，复制

项目一 网络编辑基础

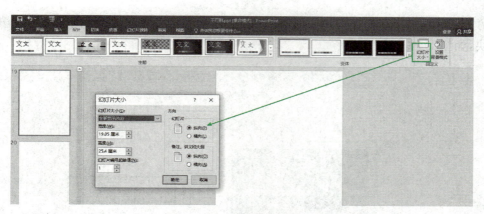

图 1-2-11 设计幻灯片大小

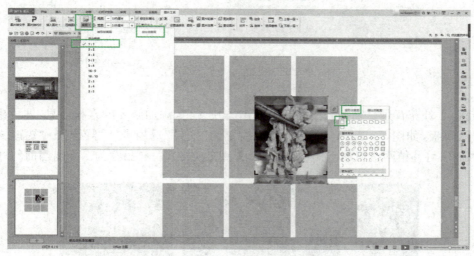

图 1-2-12 正方形裁剪

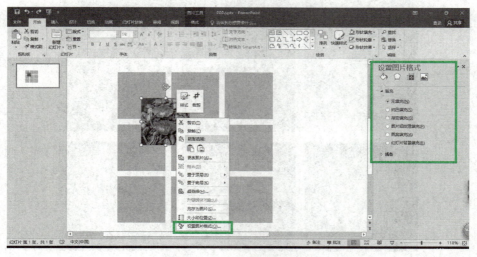

图 1-2-13 设置图片格式

的正方形图片将自动填充在方块中(若无自动填充,可单击剪贴板)。采用同样方法填充其他方块,如图1-2-14所示。

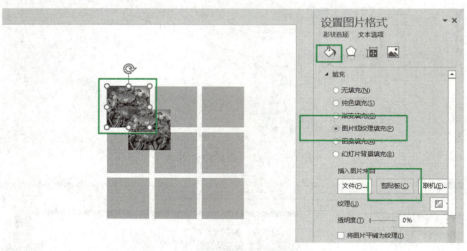

图1-2-14 图片填充

步骤5:补充背景。根据需要调整九宫图方块颜色,添加必要的素材信息,即可生成一张九宫图海报,如图1-2-15所示。单击左上角"文件"选项卡→"导出"→"更改文件类型"→"PNG可移植网络图形格式"或"JPEG文件交换格式"→"另存为",导出当前幻灯片。

图1-2-15 添加其他元素

2. PPT 切图（九宫图）

除了可以把不同的图片拼成九宫图，还可以把一张图片切割成九宫图。

步骤1：拼出九宫格。在 PPT 中选择"插入"选项卡→"表格"，用鼠标拖动形成 3×3 表格，并在"表格样式选项"中勾选取消"标题行"与"镶边行"，如图 1-2-16、图 1-2-17 所示。

图 1-2-16　插入表格

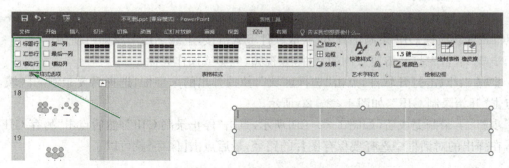

图 1-2-17　勾选取消"标题行"与"镶边行"

步骤2：单击表格边框，选择"表格工具"选项卡→"布局"→在"表格尺寸"处输入高度和宽度相同的数值→勾选"锁定纵横比"，得到一个正方形九宫格表格。按住[Shift]键并用鼠标拖动表格任意一角，可调整表格大小，如图 1-2-18 所示。

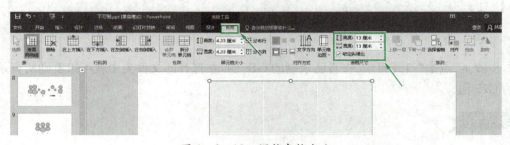

图 1-2-18　调整表格大小

步骤3：填充图片。插入一张图片。双击图片，单击"格式"选项卡→"裁剪"，把图片裁剪成和表格九宫格相同大小的尺寸。裁剪完成后复制，右键单击表格，选择"设置形状格式"。在PPT右侧弹出的窗口中选择"填充"→"图片或纹理填充"→勾选"将图片平铺为纹理"→单击"剪贴板"按钮完成填充，如图1-2-19所示。这样九宫图就切割好了。

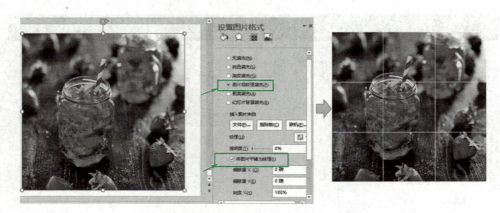

图1-2-19　填充图片

三、GIF图制作

可以使用LICEcap/GifCam/极速GIF录制工具录制GIF图。搜索"LICEcap""GifCam"或"极速GIF录制工具"可获取软件下载链接，下载之后解压即可使用。

步骤1：首先打开需要录制的文件，如视频、电影或操作界面。

步骤2：双击打开软件，点击"选择区域"，拉拽弹出的十字框，选择需要录制的区域，然后点击"开始录制GIF"，如图1-2-20所示。

步骤3：录制完成后，如图1-2-21所示，点击"停止录制GIF"，然后点击"另存GIF图片"，在弹出的对话框中选择要保存图片的路径，最后点击【保存】就可以了。

图1-2-20　选择区域、开始录制

图1-2-21　停止录制并另存为

步骤4：点击"打开目录"查看已录制的GIF图，在打开的文件夹中就可以看到所有录制好的GIF图。

任务评价

根据表1-2-1任务内容进行自检。

项目一　网络编辑基础

表 1-2-1　图片处理学习评价表

序号	鉴定评分点	分值	评分
1	能运用办公软件 PPT 制作文章封面图	20	
2	能运用 PPT 制作 ICON 矢量图标	20	
3	能运用 PPT 制作竖版九宫图	20	
4	能运用 PPT 切图	20	
5	能运用视频录制软件录制 GIF 图	20	

能力拓展

1. **封面图制作实战演练**

根据实际情况,从指定的文章主题(如开学季、旅游、美食、娱乐、体育等)中选择一个主题,按照任务步骤制作封面图。

2. **ICON 矢量图标制作实战演练**

根据实际情况,在指定的矢量图标(可在 ICON 图标库中选择)中选择其中一个按照任务步骤制作矢量图标,也可以自主寻找感兴趣的图标制作。

3. **九宫图制作实战演练**

根据实际情况,从指定的主题(如开学季、旅游、美食、娱乐、体育等)中选择一个主题,按照任务步骤制作九宫图。根据主题,可自行选择素材。

4. **GIF 图制作实战演练**

根据兴趣和喜好,寻找感兴趣的素材,按照任务步骤录制和制作 GIF 动图。

知识链接

1. 图片处理工具介绍:可扫描二维码,学习相关文案。
2. 图片处理技巧:可扫描二维码,学习相关文案。

知识链接

▶ 任务 3　新媒体文案 H5 页面制作

学习目标

1. 熟悉 H5 页面的类型和形式。
2. 掌握 H5 页面设计的流程。
3. 能独立使用 H5 页面制作工具并设计不同类型的 H5 页面。

电商新媒体应用

> 任务描述

H5 是指第五代 HTML，也指用 H5 语言制作的一切数字产品，从以前的代码制作 H5 到后来许多 H5 制作平台的出现，这恰好突显了 H5 的强大和与时俱进，未来还会在更多情境中发挥作用。现需要你用 H5 页面制作工具来做一个 H5 页面，注意熟悉 H5 页面制作工具。

> 任务分析

掌握 H5 页面制作是新媒体编辑必不可少的技能之一。H5 页面有不同的类型和展现形式，制作 H5 页面的工具也有很多。在着手制作 H5 页面之前，先了解这些工具，对比后再根据实际需求选择，且一定要根据 H5 页面制作的目的去选择模板，策划好设计思路。本任务将通过邀请函型 H5 页面和产品宣传型 H5 页面的制作步骤，学习 H5 页面的制作方法。切记，一定要遵循 H5 页面的设计流程，如此设计出来的页面才能达到最大的宣传价值，给到用户最好的浏览观看体验。

> 任务准备

1. 网络环境稳定的机房或者移动设备。
2. H5 制作工具（易企秀、MAKA 等）。
3. 根据选择的主题提前准备 H5 页面的相关素材（图片、音乐、文案）。

> 任务实施

一、邀请函型 H5 页面制作

邀请亲朋好友或知名人士、专家等参加某项活动所发的邀请函，是使用 H5 页面进行活动营销的手段之一。它有别于传统的手写邀请函，可以在互联网上传播，制作也简单方便，成本低。

步骤 1：登录。通过电脑浏览器打开易企秀的官方网站。在官网主界面的右上方可以看到"登录"和"注册"两个选项，注册账号，然后登录，如图 1-3-1 所示。

图 1-3-1 易企秀网站首页

步骤2：免费模板。点击右上角的"免费模板"，找寻适合自己企业文化主题及策划思路的邀请函模板，打开，如图1-3-2所示。

图1-3-2 免费模板页

步骤3：编辑页。进入编辑页面，编辑文案，填写公司地址等，如图1-3-3所示。

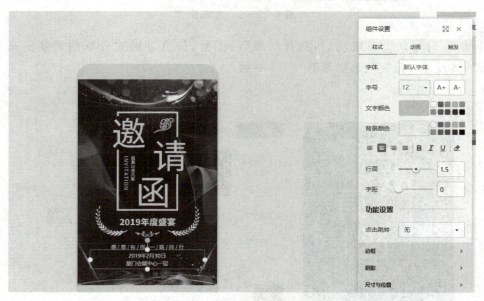

图1-3-3 易企秀编辑页

步骤4：添加新页面。选择第二页，或者添加新页面，自由编辑公司信息、公司介绍等，如图1-3-4所示。

图1-3-4 添加新页面

步骤5：编辑完成。编辑完成，在右上角点击"发布"即可，如图1-3-5所示。

图1-3-5 发布页

步骤6：分享。发布成功后，选择二维码、图片、长页等形式分享给需要的来宾，如图1-3-6所示。最终效果如图1-3-7所示。

图1-3-6 发布成功

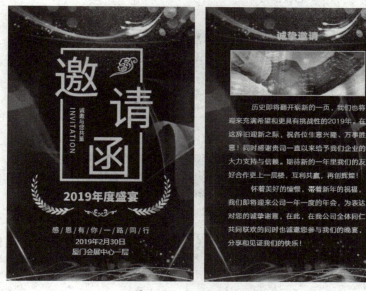

图 1-3-7 示例效果图

二、产品宣传型 H5 页面制作

步骤 1：进入易企秀并选择账号登录，登录成功后到首页，如图 1-3-8 所示。

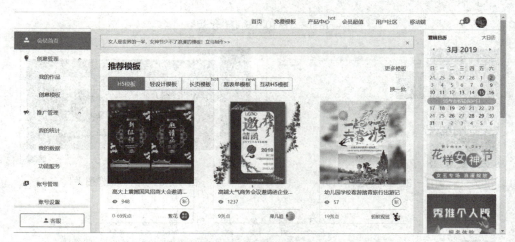

图 1-3-8 易企秀个人主页

步骤 2：点击"免费模板"，在精选模板下点击"创建一个空白场景"，如图 1-3-9 所示。

步骤 3：进入编辑界面。首先添加背景图片。点击"背景"，本地上传准备好的图片，完成后点击图片，裁剪后，点击【确定】，如图 1-3-10～图 1-3-12 所示。

步骤 4：添加标题。标题可以选择纯文字，也可以套用样式模式，选择其中一个，并修改文案，如图 1-3-13、图 1-3-14 所示。

图1-3-9 创建一个空白场景

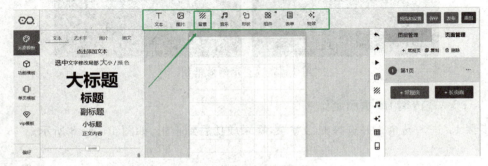

图1-3-10 选择"背景"

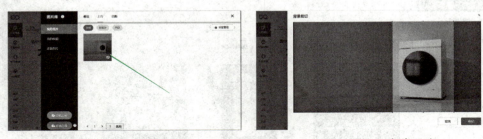

图1-3-11 选择图片　　　　　　　图1-3-12 裁剪图片

图1-3-13 选择标题样式

图 1-3-14　编辑标题文案

步骤 5：在"页面管理"中，点击"＋常规页"，继续第二页的编辑。根据需要添加页面，最少 3 页，如图 1-3-15～图 1-3-17 所示。

图 1-3-15　添加"常规页"

图 1-3-16　第二页编辑

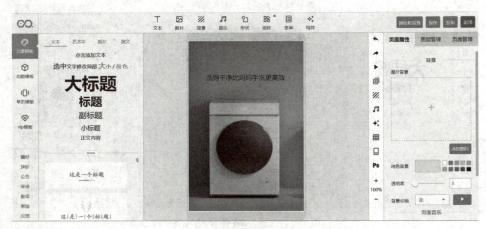

图 1-3-17　第三页编辑

步骤 6：添加音乐。在完成页面设置后还需要添加音乐。根据宣传的类型，选择不同风格的音乐，比如家电可以选择舒缓的音乐。点击"音乐"，选择免费音乐，点击"使用"，如图 1-3-18、图 1-3-19 所示。

图 1-3-18　添加"音乐"

图 1-3-19　选择音乐

步骤7：预览和设置。点击页面右上角的"预览和设置"，可以预览 H5 页面并更改设置，如图 1-3-20～图 1-3-22 所示。

图 1-3-20 点击"预览和设置"

图 1-3-21 预览页面

图 1-3-22 修改设置

步骤8：发布。所有信息都设置好了，点击"发布"。将二维码和链接复制，用于转发分享，如图 1-3-22、图 1-3-23 所示。

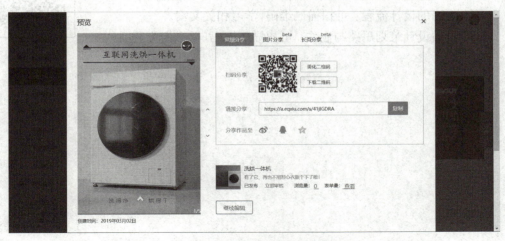

图 1-3-23 分享链接及二维码

任务评价

根据表 1-3-1 任务内容进行自检。

表 1-3-1 H5 页面制作学习评价表

序号	鉴定评分点	分值	评分
1	能运用 H5 制作工具制作不同类型的 H5 页面	60	
2	制作的 H5 页面风格一致、美观、逻辑合理	40	

能力拓展

请根据任务步骤，从表 1-3-2 中选择一个主题，搜集相关素材，制作一个 H5 页面。将分享链接或二维码提交给老师。

表 1-3-2 H5 页面主题信息

主题（任选一个）	主题说明
校庆邀请函	为学校的××周年庆策划一个 H5 邀请函
运动会班级介绍	为班级策划一个介绍性 H5 海报
传统节日介绍	为临近的中国传统节日制作一个节日介绍
个人偏好介绍	介绍喜欢的球队/明星/偶像

知识链接

1. H5 页面的类型与表现形式：可扫描二维码，学习相关文案。
2. H5 页面的设计流程：可扫描二维码，学习相关文案。
3. H5 页面设计策划思路与制作：可扫描二维码，学习相关案例。

知识链接

模块一 新媒体文章内容制作

项目二 文章内容创作

新媒体运营的需求越来越大,各大新媒体平台发布的文章如雨后春笋。在海量的文章中脱颖而出,是每个新媒体文章写作者最想达到的效果。撰写受欢迎、优质的文章内容,前提是撰写好的策划书,根据策划书的脉络填充内容。

本项目将会从以下3种目前主流的新媒体文章类型入手,学习撰写一篇适合发布的新媒体文章。这3种文章的类型包括历史类、星座类、情感类。

任务1 历史类文章内容创作

学习目标

1. 了解历史类文章读者群的特征。
2. 掌握历史类文章策划书的思路和方法。
3. 掌握历史类文章撰写技巧。

任务描述

历史类文章写作是比较特殊的领域,既要客观公正,又要抓住历史人物、时间、争论。否则可能就会招来挟击,或文章无人观看。为提高文章的阅读量和粉丝关注度,现需要你运用历史类文章策划书的思路和方法,以及文章撰写技巧,来撰写一篇历史类文章。

任务分析

一篇优质的新媒体文章,可获取大量的阅读流量,也代表着巨大的变现潜力。历史类文章更是各类新媒体文章中广受欢迎的题材,在撰写初期准备好策划书,根据策划书的流程写作,搭配合适的写作技巧,完成文章编写。本任务的主要内容是"太上老君的实力"。为了能更好地完成策划书,需要上网查阅更多与主题相关的文章信息。

任务准备

1. 网络环境稳定的机房或者移动设备。
2. 素材。

任务实施

一、历史类文章内容策划

在撰写文章之前,首先需要规划文章内容。一般历史类文章有两个主流创作方向,一种是以人物为主题,另一种是以事件为主题。

以人物创作为主要方向,如以刘邦、刘恒、刘秀、萧何、韩信、卫青、霍去病等历史人物的传记类文章。在一些历史书籍中都有相关记载,创作者可以挖掘更细的历史情节,或是大部分读者都不知道的私密内容。这方面素材只能依靠创作者在平时多看书、多看历史节目,积累更多的素材和观点,经过加工写出高质量的内容。

以事件创作为主要方向,如以七国之乱、汉匈百年战争、张骞出使西域等历史事件为主要脉络的文章。在祖国悠久的历史长河中,从来就不缺乏有趣的历史事件。首先要从该事件的历史背景逐步叙述,讲述该事件的起因、经过和结果,以及与该事件相关的历史人物。

结尾处再辩证地提出写作者本人对该事件的看法。

1. 热点话题

热点话题就是可以引起读者重点关注的中心事件或信息等。紧跟热点的文案可以增加点击量。可以通过百度搜索风云榜（http://top.baidu.com/）、微博热门话题（https://d.weibo.com/）来搜索热点话题。

随着国产动漫电影《哪吒之魔童降世》的上映，全国各地掀起了一股中国经典神话故事的热潮。除了哪吒这一人物，在《封神榜》中还有许多有代表性的神仙，创作者可以选择最喜欢和了解的人物进行创作。由于太上老君是公认的道教始祖，且在不同的书中，他表现出来的实力都不尽相同，较有争议，符合选题标准。所以，本任务以"太上老君的实力"为主题撰写文章。

2. 收集素材

浏览专门的历史门户网站，例如历史之家（http://www.49199.net/），通过搜索文章，找到需要了解的历史人物、历史解密和历史百科等资料。类似的网站，如趣闻（http://www.lishiqw.com/fyrw/），收集了很多网络的历史类文章，很有借鉴意义。

3. 列提纲

提纲是写作前的重要步骤，好的提纲可以帮助整理行文思路，让整个写作过程更加流畅。

提纲的主要逻辑包含3个区块，标题、主要内容及文章中心、结构安排，既表明了文章中心内容，又能搭建文章框架，让创作者快速完成文章脉络的梳理。

（1）标题　文章的标题可以从立意的角度确定，即通过文章内容来确定标题。拟题时要准确鲜明、简洁生动。读者首先观察到的就是文章标题，所以标题是否能够让读者清晰了解到文章内容，并产生阅读兴趣，是整篇文章提纲的重点。

（2）主要内容及文章中心　文章的中心是文章的脊椎，文章的所有内容都将围绕着文章中心展开。在拟题时要明确本文核心内容，中心鲜明突出，确定文章主要内容。只有文章中心明确，整篇文章才能凝而不散，充满能量。

（3）结构安排　确定好文章的主题与主要脉络后，需要进行文章结构的拟题。文章的结构就是文章的整体框架，搭建好立体的文章框架，才能在后续的写作中保持写作方向，不至于偏离文章中心。

如表2-1-1中，主要内容是讲述"为什么太上老君在《封神榜》里那么强，而在《西游记》里却那么弱？"列举太上老君在《封神榜》和《西游记》中的各种表现，证明太上老君在《西游记》中确实被削弱了战斗力这一事实。

表2-1-1　文章提纲

模块		结 构 安 排	
太上老君的实力	开头	为什么太上老君在《封神榜》里那么强，而在《西游记》里那么弱？	
	正文	《封神榜》中的太上老君	经典案例举例
		《西游记》中的太上老君	经典案例举例
	结尾	吴承恩在《西游记》中削弱了太上老君	

电商新媒体应用

4. 策划表

表2-1-2为本次任务中历史文章写作的内容策划表,也称为文章提纲。

表2-1-2 文章提纲

内容		详情
历史类文章内容策划	热点话题	因为国产动漫电影的火爆,以中国神话传说题材的文章阅读量较高
	收集素材	太上老君在《西游记》和《封神榜》里的故事
	列提纲 开头	提出问题:太上老君在《封神榜》里那么强,为什么在《西游记》里那么弱?
	列提纲 正文	分别列举太上老君在《西游记》和《封神榜》里的表现
	列提纲 结尾	根据论据分析和总结

二、历史类文章写作

1. 写标题

标题是文章的眼睛。在各类标题中,最容易突出说明内容、激发读者思考、吸引读者注意力、让读者产生阅读兴趣的当属疑问式标题,即以设问、反问或其他疑问方式拟定的标题。在强调吸引网民眼球的网络时评中,疑问式标题备受作者与编辑青睐,使用频率极高。

(1) 疑问式标题的6种模板:①什么是……?②为什么……?③怎么样……?④……有哪些诀窍?⑤……有哪些秘籍?⑥当你遇到……的时候。

(2) 疑问式标题案例:①如果世界上只剩下吴秀波、李晨、刘强东,三选一,你选哪一个?②爱情和面包,你选哪个?③老板要你滚,你敢反驳吗?④D&G,你凭什么辱华?⑤90后,真的不想结婚吗?

疑问式、反问式的标题,就好像在向读者提出一个疑问。读者都有好奇心,想要知道答案,从而点开文章阅读。本次任务案例文章的标题为:太上老君在《封神榜》里那么强,为什么在《西游记》里却那么弱?

2. 写开头

文章的开头,就是文章从哪里起笔,从什么问题写起。文章的开头是全篇的第一步,与全文密切相关。良好的开头是成功的一半,一段优秀的文章开头,不仅能带动全篇,使文章写作思路流畅,而且能抓住读者的视线,引人入胜。开门见山型是最常用也最实用的写作手法之一,在本任务中用开门见山型的写作方式。

开门见山型,是在文章的开头就点明主题,引出文中的主要线索。使用该方法开头,务必语言朴实并迅速切入正题,直接将要表达的内容主题摊开,切忌吊胃口。案例展示见表2-1-3。

项目二 文章内容创作

表 2-1-3 案例展示

案例	开头
《白杨礼赞》	白杨树实在是不平凡,我赞美白杨树:这种写法干脆利落,入题快捷,不蔓不枝,为很多作者所青睐。
《背影》	我与父亲不相见已2年余,我最不能忘记的是他的背影。
《生活需要笑声》	"笑一笑,十年少",生活需要欢乐,生活需要笑声……

这3篇文章都是采用开门见山型的开头写法,直截了当开头,直接进入主题,更容易突出中心。读起来也容易抓住要领,掌握内容,深刻了解主题。本任务案例文章的开头:很多影视剧都以神话题材为背景,其中,以太上老君出现的次数最为频繁。基本上统一的形象就是仙气飘飘、胡子花白、手持拂尘却不显老态的慈祥老爷爷,实力高深莫测。

可是,在《封神榜》中实力强劲的太上老君,到了《西游记》中,却变得柔柔弱弱,毫无攻击力。是什么造成太上老君一到了《西游记》中就变弱了呢?

3. 写正文

在写作的过程中,强调最多、最重要的就是行文逻辑。特别是历史类文章,每一句话都要有理有据,不能凭空捏造。如果完全没有史料引用,历史类文章给人的感觉就是自说自话,读者也不知道对不对。历史非常讲究证据,想表达一个观点,并且要让人信服,就要拿出证据来。因此,本任务采用的是"摆出论据、说服读者"的行文逻辑,即提出观点后需要足够的事实来支撑。在说服读者的过程中,论述应清晰明了、脉络分明、结构清晰连贯,以事物间的不同特点分别论证。

任务案例分为两个部分写作。第一部分是《封神榜》的太上老君,第二部分是《西游记》的太上老君。每个部分都有关于太上老君的经典故事。

在《封神榜》中的太上老君,可以列举"太上老君破诛仙阵"的壮举,还可以列举太上老君和元始天尊以及灵宝道君的关系等来突出太上老君的实力强大。

在《西游记》中的太上老君,可以列举太上老君在"大闹天宫"中的表现,以及太上老君哄童子取丹药的故事来说明其实力被弱化的事实。

案例文章的正文为:

在《封神榜》中封的都是道家的神,道教以"三清为尊",分别是太清、上清和玉清。上清是元始天尊,而太清就是太上老君。太上老君作为大家公认的道教始祖,在《封神榜》中,当然不是随随便便什么事情就能把他叫出场的。如果不是遇到像通天教主摆下来的各种阵法,把众人难倒了,实在是没有办法,太上老君是不会轻易露面的,而且一露面就直接破阵。可见他的厉害。

在《封神榜》当中,太上老君出场的机会不多,但是一出场那就是秒杀,基本上也就没有通天教主什么事了。即便只有他一个人,也能破了通天教主的诛仙阵。虽然元始天尊被认为排名第一,但元始天尊的徒弟是灵宝道君,而灵宝道君的徒弟就是太上老君。尤其在唐宋时期,因为唐朝皇帝姓李,宋真宗、宋徽宗崇拜老子,因此对于太上老君的崇拜,更是一度超越了元始天尊。

而在《西游记》中,太上老君又是什么形象?孙悟空大闹天宫的时候,众人都拿他没办法,还是太上老君,趁着孙悟空和二郎神斗,没有留神的时候,扔出法宝才把他砸晕。换言之,如果当时孙悟空没有被缠斗,可能也就没有这个机会。孙悟空被扔进炉子里烧,结果没烧死不说,还成了铜头铁臂火眼金睛,太上老君也根本拦不住他。

太上老君好炼丹,孙悟空曾经向他讨要过一颗能够让人起死回生的丹药。孙悟空向太上老君讨了半天,太上老君终于答应了。然而,当时药葫芦在童子手里,太上老君还哄着童子倒了一颗药出来。三清之一竟然还要这样去"求"一个炼丹童子,实在是让人"大跌眼镜"。这样描写太上老君的,恐怕除了《西游记》也别无二家了吧。

4. 写结尾

很多人误以为文章开头要华丽复杂,结尾要简短朴素。事实上,文章结尾不仅需要文风干脆明快,豹尾劲扫,也应该追求美感,给予读者流畅的阅读感受,也要与开头相呼应。

首尾呼应可以起到强调主题、加深印象、引起共鸣的作用,能让结构显得严谨紧密,内容完整,达到了全文自然明确的效果。首尾呼应式的结尾有两个运用方式,一种是圆合照应,即首尾内容圆合为二;另一种是重复照应,即结尾再次重复开头的内容。

案例展示见表2-1-4。

表2-1-4 案例展示

《我是这样的人》	开头:我的性格不像一般女孩子那样温文尔雅,生得浓眉大眼,声音洪亮,做事总是粗手粗脚的,有点像张飞,所以我就获得了"张飞"的雅号。
	结尾:好了,我的自我介绍结束了。还要声明:现在同学们不叫我"张飞"了,而叫我"小健将"。我已是训练有素、名副其实的体育尖子了。
《我爱家乡的景色》	开头:我的家乡位于北京东北,是密云境内的一个小山村。那里的景色可迷人啦!
	结尾:我爱家乡迷人的景色。

图2-1-1 案例文章配图——太上老君

本任务案例文章的结尾:不过,《西游记》还是不敢太怠慢太上老君,正面写得虽然看起来很弱,但很多剧情还是能够体现他的厉害的。比如,孙悟空打不过的金角银角大王和青牛精,后来发现是太上老君的炼丹童子和坐骑。所以,之前那些表现,没准是故意放水呢。

5. 文章配图

配图可以丰富文章内容,增加文章的信息量。用户在阅读图文结合的文章时,不易产生疲劳感,加深读者的阅读沉浸感。

(1)文章开头配图 文章首页配图应具有一定的关联度。如果图文不相关,不仅不能加深阅读沉浸感,还可能会降低文章档次,降低阅读体验。因为本任务文章主题为"太上老君的实力",所有文章的首页配图应以太上老君为主进行搭配,如图2-1-1所示。

(2) 文章正文配图　同样的图片反复插入文章,会带给读者一种敷衍的感觉。正文配图应尽量选择既具有相关度又不重复的图片。在民间,太上老君是人尽皆知的仙人形象,本任务可以搭配雾气缭绕的群山配图,既贴合太上老君的仙人气质,又不会让配图过于单调,如图2-1-2所示。

图2-1-2　山林配图

在文章正文中,还描写了有关孙悟空和二郎神打斗的内容。在这两人中,孙悟空经常与太上老君出现在一起,也是《西游记》的热门角色,在各大影视剧中出场率极高,所以在正文中还可以加入孙悟空的配图,如图2-1-3所示。

(3) 文章结尾配图　根据文章内容"太上老君实力弱的表现没准是故意放水",结尾时可以搭配两人共同出场的图片,用以总结,给观众留下悬念,如图2-1-4所示。

图2-1-3　孙悟空

图2-1-4　电视剧截图

任务评价

请根据表2-1-5任务内容进行自检。

表2-1-5　历史类文章内容创作评价表

序号	鉴定评分点	分值	评分
1	能从热点话题中确定历史类文章的主题	30	
2	能根据确定好的主题策划历史类文章内容	30	
3	能根据策划好的内容创作一篇文章	30	
4	文章紧扣主题、行文流畅,且写作技巧运用得当	10	

电商新媒体应用

能力拓展

根据近 15 天的热点话题,确定一篇历史类文章的主题,并根据主题撰写内容策划表,创作历史类文章内容。可按小组进行拓展训练。

知识链接

1. 自媒体创作原创历史领域的爆文:可扫描二维码,学习相关文案。
2. 自媒体历史类文章的创作:可扫描二维码,学习相关文案。

知识链接

任务 2　星座类文章内容创作

学习目标

1. 了解星座类文章读者特征。
2. 掌握星座类文章策划书的思路和方法。
3. 掌握星座类文章写作技巧。

任务描述

在当今社会多层次文化中,很多年轻人喜爱星座。参加朋友聚会,常有人由星座打开话题,社交平台也常常探究"什么星座容易与人相处",有的新朋友认识的头一件事便是判断星座性格是否能合拍。在这些看似荒谬的现象背后,星座类是十分具有发展潜力的文章类型,创作范围也十分广泛。现需要你运用所学内容来撰写一篇星座类文章,进一步掌握星座类文章的创作思路及写作技巧。

任务分析

星座领域比较神秘、特殊,在撰写星座类文章时,要抓住星座的特殊性来表述,吸引读者观看。本次任务将通过星座类文章的策划案,策划并写作一篇完整的星座类新媒体文章。

本任务文章主要内容是双子座与射手座。为了能更好地完成策划书,在任务开始前需要上网查阅更多与本任务文章主题相关的信息。

任务准备

1. 网络稳定的机房或者移动设备。
2. 星座类文章素材。

任务实施

一、星座类文章内容策划

1. 星座类文章创作方向

星座类文章有3个主流创作方向,即星座科普、星座与性格及星座情感。

(1)星座科普　在做星座科普时,首先要了解具体有哪些星座,根据所选的星座题材,选择合适的科普故事。星座题材不缺星座故事,来源还有特殊的意义,创作者可以深入挖掘故事情节,或是多数读者不知道的神秘内容。星座方面的素材只能靠创作者平时多上网搜集资料,或者阅读关于星座类的书籍、文章,累积更多关于星座类文章撰写所需要的素材,才可以写出更优秀的星座类文章。

(2)星座与性格　不同的星座具有不同的特征,可以描述不同星座的优缺点以及合适的相处方式等,见表2-2-1。这种类型的星座文章可以帮助读者了解自己的星座性格,辅助了解身边的朋友,是非常容易获得浏览量的文章类型。

表2-2-1　十二星座与性格

星座	对应时间	性格优点	性格弱点
白羊座	3.21～4.19	勇敢、火热、大方	执着、刚愎自用
金牛座	4.20～5.20	浪漫、有决断能力、善于逻辑思考	偏见、死脑筋
双子座	5.21～6.21	有联想力、开朗、反应机智	喜新厌旧、投机取巧
巨蟹座	6.22～7.22	慎重、友善、有爱心	敏感、马虎、拘束
狮子座	7.23～8.22	热情、有组织能力、正义感	高傲、虚荣心
处女座	8.23～9.23	调皮、热情、害羞	好管闲事、拘泥
天秤座	9.24～10.23	理想主义、公正	随心所欲、懒惰
天蝎座	10.24～11.22	感觉敏锐、深谋远虑	城府深、难深交
射手座	11.23～12.21	活泼、可爱、乐观	花心、多变
摩羯座	12.22～1.19	宽大、乐观	孤独、不灵活
水瓶座	1.20～2.18	宽容、理想、冷静	草率、叛逆
双鱼座	2.19～3.20	善良、好脾气	意志薄弱、不现实

(3)星座情感　这类文章可以分析每种星座的情感状况。感情中有的人春风得意,有的人悲痛欲绝,有的人虚情假意。无论哪种处理感情的方式,都可以与不同的星座联系起来,写出一篇引人入胜的星座情感类文章。这也是一种非常容易获得阅读量的写作方向。

2. 热点话题

可以通过微博热搜榜寻找热点话题,例如,可以蹭"李佳琦叫错虞书欣名字"的热点话题,后续介绍李佳琦、虞书欣出生日期,引入相对应的星座,依次讲解他们各自星座的性格特征。还可以引入一些关于其星座的背景故事。

3. 收集素材

12星座有着各自的来源、相关的传说故事以及特殊的寓意,每一个星座都是创作的素材来源。在确定主题之后,可以通过第一星座(https://www.d1xz.net/)、360星座(https://www.xingzuo360.cn/),收集相关月份及背景故事,各星座优缺点以及运势,从这几大方面收集文章素材。

4. 列提纲

列提纲是写文章前的一个重要环节,好的提纲可以大大提高思路与写作速度。列提纲主要需要明确三大板块:标题、主要内容、结构安排。

(1) 题目　可以根据星座科普、性格、情感来决定文章的标题,即用文章内容确定标题。本任务选择星座性格为方向,确定题目为"李佳琦与虞书欣的性格差异"。

(2) 主要内容　文章的中心内容是整篇文章的灵魂,是关键。拟题时就需要确定文章的中心点,根据中心点合理安排文章主要内容。本任务文章的主要内容可根据题目选择,写作方向为星座性格,所以内容确定为两个星座性格的对比。

(3) 结构安排　结构是文章的躯干部分,好的躯干才能保持后续的写作方向不偏离,如表2-2-2。主要内容是讲述双子座与射手座的性格对比,通过网上案例列举双子座和射手座的表现,对比这两个星座。

表2-2-2　文章提纲

模块	结构安排	
开头	提出李佳琦叫错虞书欣名字,以此引入星座性格	
正文	双子座	网上案例列举
	射手座	网上案例列举
结尾	启发式结尾	

5. 策划表

本任务文章写作的策划表,见表2-2-3。

表2-2-3　策划表

序号	特征	内容
1	读者群分析	在星座类文章的读者中,女性占68%,男性占32%,分布于广东省、江苏省、山东省
2	平台介绍	搜狐拥有专门的星座板块,搜狐号的用户群的年龄、地区和喜欢阅读星座类图文,符合我们的要求

项目二 文章内容创作

续 表

序号	特征	内 容		
3	内容规划	热点话题	把"李佳琦叫错虞书欣名字"的热点话题作为题材,引入星座性格话题,吸引浏览量	
		收集素材	从第一星座、360星座两大星座网站收集关于星座月份、故事背景、星座优缺点等素材	
		列提纲	开头	提出"李佳琦叫错虞书欣名字"话题
			正文	分别列举双子座、射手座性格
			结尾	启发式结尾

二、星座类文章写作

1. 写标题

可以在同一篇文章中介绍两三个星座,可增加对比性;数字可以给人们带来冲击力,使用数字式标题,让标题结构更加清晰明了、通俗易懂,使读者快速产生阅读兴趣。

数字式标题是指在标题中呈现具体的数字,通过数字来概括相关的内容与主题。不仅可以提升读者阅读效率,还能突出重点、点明结构。

数字式标题有6种样式:①为什么这3个星座……?②12个星座鲜为人知的……③这3个星座……有哪些诀窍?④适合……3个星座?⑤如何与11月份的……?⑥2020年5月……运势。

案例展示:最神秘的3个星座、这3个星座内心是最强大的、90后都想知道这3个星座的秘密。

读者看见数字式标题,会眼前一亮,在细看数字标题时,会被好奇心所吸引,并特别想要知道答案,从而点开文章阅读。本任务案例用数字式标题:李佳琦与虞书欣这两个人的性格差异。

2. 写开头

好的文章开头不仅能带动全文,还能让写作思路顺畅无阻,抓住读者的视线,吸引读者。波澜不惊型是最常用也最实用的写作手法之一,有着平铺直叙的魅力。本任务采用波澜不惊型的开头。

波澜不惊的文章开头往往简单明了,给人一种和好朋友聊天时轻松愉悦的感觉。它的好处在于不紧不慢,不足的是如果文章本身没有什么热点,很难引起读者的注意。如图2-2-1所示为波澜不惊型文章开头的案例。

这两篇文章把故事有头有尾的说出来,读者更容易抓住要领,了解内容,深刻了解主题。本案例文章开头为:

《青春有你2》里的人气选手刘雨昕和虞书欣上了李佳琦直播间,与粉丝们来了一次近距离的互动。在直播过程中,李佳琦叫错了虞书欣的名字。

3. 写正文

本任务采用实用知识对比的正文写作方式。由于星座领域的文章数量较大,想获得关

图 2-2-1 波澜不惊型文章开头的案例

注,就需要写出更加优质的内容。所以要比的就是谁对星座更加了解,能说得更加明白,内容充实、思路分明、条理清晰的星座类文章更受欢迎。

自媒体人留住粉丝最有效的办法就是,不断给粉丝提供新鲜的内容,让其在文章中有所收获。多加一些实用知识,充实文章内容;增加一些星座的背景资料、传说故事、相关普及知识,以及星座代表性格的知识,可以让文章更有吸引力。

任务案例分为两个部分进行写作。第一部分说明双子座在女生眼中的形象,第二部分说明射手座在女生眼中的形象。

以李佳琦在大众眼中的形象,说明双子座很可爱,脑子里总会有些天马行空的想法。

以虞书欣在大众眼中的形象,说明射手座的女孩拥有天真乐观性格,爱情的挫败不能轻易将她击垮,擦去眼泪又能快速地尝试一次。

在案例文章的正文为:

李佳琦出生于1992年6月7日。我们不得不承认,双子座男孩很可爱,脑子里总会有些天马行空的想法,与人交谈风趣。在社交场合遇见了他,一不留神就会被他吸引。只要有他们,绝不会冷场,他们总能用奇思妙想的点子逗大伙们开心,态度亲和友善,从不给人压迫感,跟他们在一起真是有意思极了。

如果你是个占有欲极强的女性,我劝你尽早放弃他,想让他一大早就向你汇报行程,想随时都能找到他,几乎是不可能的。就算你提前一天知道了他的行迹,双子座的一天中有很多事情可以让他改变原先的计划。

虞书欣出生于1995年12月18日,射手座的女孩拥有天真乐观的性格,爱情的挫败是不能轻易将她击垮的,擦去眼泪又能快速地尝试一次。这种勇气值得我们学习。不过,失败的教训并不能教会她变圆滑,因此失恋可能会反复出现。某一天,一个懂得珍惜她的男人终将会出现。或许你们曾听射手座的女孩逃避婚姻的事件,事实上是大男子主义扭曲的说法。射手座女孩的观念并不会那么传统、守旧,她们对于感情非常诚恳。爱情常常是从友谊里滋生的,有时连她们自己也难以分辨其中的异样。射手座是个拥有贵族气息的星座,个性通常很独立,不愿意被事事安排。她们非常追崇自由,也不喜欢有太多的约束。她们往往自律性非常高,相信生来人人平等,人与人之间互相尊重,彼此信赖。不喜欢任何人给她们订下规矩,当然她们也会给足你自由和尊重。

4. 写结尾

多数青少年喜爱星座类文章。在波澜不惊型的文章中,要不紧不慢地把整个故事叙述完整,给读者流畅的阅读感受。在星座类文章的结尾,要采用启发性语言来提醒读者,该怎么做,不该怎么做。可以恰到好处地提醒青少年。启发式结尾也称作明理式结尾,是把通过某件事所得到的启示、道理写出来,起到点明中心的作用。比如《呐喊》中《一件小事》的结尾:

这事到了现在,还是时时记起。我因此也时时煞了苦痛,努力地要想到我自己。几年来的文治武力,在我幼小时候所读过的"子曰诗云"一般,背不上半句了。独有这一件小事,却总是浮在我眼前,有时反更分明,教我惭愧,催我自新,并增长我的勇气和希望。

表2-2-4为启发式结尾的案例《一件小事》展示。

表2-2-4 案例展示

开头	我从乡下跑进京城,一转眼已经6年了。其间耳闻目睹的所谓国家大事,算起来也不少,但在我心里,都不留什么痕迹,倘要我寻出这些事的影响来说,便只是增长了我的坏脾气——老实说,便是教我一天比一天地看不起人。但有一件小事,却于我有意义,将我从坏脾气里拖开,使我至今忘记不得。
结尾	独有这一件小事,却总是浮在我眼前,有时反更分明,教我惭愧,催我自新,并增长我的勇气和希望。

本任务案例文章的结尾:虽然叫错他人名字这是一件小事,但是名字是每个人独有的代号,叫错他人名字也是一种不好的行为。能够正确认识到自己的错误还是很好的,勇气可嘉。俗话说得好,知错能改,善莫大焉。作为公众人物,知错能改的行为可以把喜欢他的人引导得更好。

5. 文章配图

文章配图可以让文章变得丰富多彩,增加文章的浏览量。用户阅读图文并茂的文章时,不易产生视觉疲劳,加深沉浸感。

(1) 文章开头配图 为了图片与文章的关联,文章首页配图选择《青春有你2》中李佳琦、虞书欣共同出现的图片,如图2-2-2所示。

(2) 文章正文配图 此次任务搭配带有神秘气息的配图,或者是以双子座、射手座为主

图 2-2-2 文章开头配图

图 2-2-3 射手座配图

图 2-2-4 双子座配图

的配图，既贴合了星座的神秘气质，又不会太单调，如图 2-2-3、图 2-2-4 所示。

（3）文章结尾配图　根据文章内容"李佳琦与虞书欣这两个人的性格差异"，采用十二星座图片，加深印象，如图 2-2-5 所示。

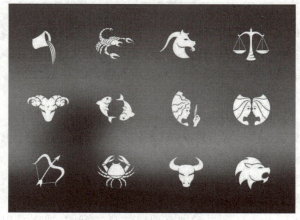

图 2-2-5 文章结尾配图

项目二　文章内容创作

任务评价

请根据表 2-2-5 任务内容进行自检。

表 2-2-5　星座类文章内容创作评价表

序号	鉴定评分点	分值	评分
1	能从热点话题中确定星座类文章的主题	30	
2	能根据确定的主题策划星座类文章内容	30	
3	能根据策划的内容创作一篇文章	30	
4	文章紧扣主题、行文流畅,且写作技巧运用得当	10	

能力拓展

根据近 15 天的热点话题,确定一篇星座类文章的主题,并根据主题撰写内容策划表,创作星座类文章内容。

知识链接

1. 十二星座的来历与特点:可扫描二维码,学习相关文案。
2. 新媒体写作技巧:可扫描二维码,学习相关文案。

知识链接

任务 3　情感类文章内容创作

学习目标

1. 了解情感类文章读者特征。
2. 掌握情感类文章策划书的思路和方法。
3. 掌握情感类文章写作技巧。

任务描述

情感类话题以读者情感问题为主导,用感性化的文字,语气温和地娓娓道来,读起来暖心。现需要你完成一篇完整的情感类新媒体文章,通过内容策划,学习使用疑问法、用金句写作、主题揭示式结尾来撰写情感类新媒体文章,进一步掌握情感类文章写作技巧。

任务分析

刚刚进入自媒体行业的许多新人也会选择情感类当作入门的基础文章,但经常是经过一段时间的埋头苦写,却收获甚少。其实,情感类文章是自媒体文章中不可忽视的热门话题类型,一直有着较高的浏览量和较多的用户基础。

本任务主要内容是"如何看出男人对你是否真心"。为了能更好地完成策划书,在任务开始前,需要上网去查阅更多与本任务文章主题相关的信息。

任务准备

1. 网络环境稳定的机房或者移动设备。
2. 情感类文章素材。

任务实施

一、情感类文章内容策划

通过男女比例和年龄分布分析,我们发现,阅读感情类文章较多的是女性,年龄在20~39岁之间。确定了写作领域和平台之后,接下来就要策划文章内容。一般情感领域的文章都有两个主流的创作方向,一种是新颖真实的素材为主题的创作方向,另一种是以热点话题为主题的创作方向。

1. 热点话题

热点话题能引起读者极大的好奇心,紧跟热点也可以增加阅读量和点击量。可以浏览情感热门话题的网站,例如微博热门话题、腾讯新闻等。

情感类文章一直都是备受关注的话题。如最近的热点话题,"张歆艺结婚4周年"在微博上大火,网友粉丝纷纷点赞评论,祝福他们的婚姻美满,惹来不少人羡慕嫉妒。大家只看到了恩爱的一幕,其实还有很多男人对于另一半一点都不在乎,甚至女人被蒙在鼓里也毫不知情,也分辨不出男人到底是否是爱她的。本任务的文章就"以男人是否爱女人,从哪些细节可以体现出来"为主题。

2. 收集素材

浏览有关情感素材的网站,例如知音(http://www.zhiyin.cn/),可以通过搜索找到需要了解的情感话题、文章等。

3. 列提纲

在热点话题和素材收集完成之后,就要列提纲了。本任务的提纲见表2-3-1。

表2-3-1 文章提纲

模块	结 构 安 排
开头	"张歆艺结婚4周年"在微博上大火,网友粉丝纷纷点赞评论,祝福他们的婚姻美满,惹来不少人羡慕嫉妒。同时也有人在暗暗对标,自己的男朋友或老公是否也是如此真心呢。那么问题来了:男人对你是否真心,从哪些细节可以看出来呢
正文	用故事加金句写作
结尾	男人是否真心,看是否能让你快乐就够了吧

4. 策划表

本任务策划表见表 2-3-2。

表 2-3-2 策划表

序号	特征		内 容
1	读者群分析		男性占 36%，女性占 64%，年龄分布基本在 20～39 岁阶段
2	平台介绍		"趣头条"是致力于打造一款新形势资讯阅读的软件
3	内容规划	热点话题	张歆艺结婚 4 周年
		列提纲 开头	"张歆艺结婚 4 周年"在微博上大火，网友粉丝纷纷点赞评论，祝福他们的婚姻美满，也惹来不少人羡慕嫉妒。同时也在暗暗对标，自己的男朋友或老公是否也是如此真心。那么问题来了：男人对你是否真心，从哪些细节可以看出来呢
		正文	用故事加金句进行写作
		结尾	男人对你是否真心，看是否能让你快乐就够了吧

二、情感类文章写作

1. 写标题

情感类的标题包含很多方面，如婚后态度、为何分手、追求技巧、感情关系复杂等。需求产生情感，情感产生行为。那么，当标题能够带来情感冲击的时候，读者和粉丝进行评论和转发的机会就更多。

一个好的标题可以吸引读者点击、阅读和分享文章。情感类文章标题举例：①做了这10件事的情侣，都很难分手！②"你贪钱，我恋身"，怎么过分了？③给老婆发了一条微信开玩笑，最后却让我们分道扬镳。④一个女人在深夜痛哭：我真的坚持不下去了。⑤到底是男人累，还是女人累？

这些带有强烈情感的标题，也是当下社会中频频发生的故事，这些标题也更容易将读者带入故事，从而点开文章阅读。本任务案例标题为：男人对你是否真心，注意这个细节就够了！

2. 写开头

良好的开头是成功的一半，一篇优秀的情感类文章，吸引人的开头不仅能够带动全篇，并且能抓住读者的视线，令读者沉迷于文章。疑问法是惯用的写作手法之一，本任务采用疑问法开头进行写作。

所谓疑问法是指在文章开篇时，用有疑问的语言提出问题，引起读者注意。提问的方式可以是设问，也可以是反问。这种形式有较强烈的吸引力，能使读者急于读完全文，寻找问题的答案。

疑问法开头案例见表 2-3-3。

表 2-3-3 开头举例

案例	开头
《万紫千红的花》	花为什么会有各种各样美丽鲜艳的色彩呢？
《走遍天下书为侣》	你独自驾舟环绕世界旅行，如果你只能带一样东西供自己娱乐，你会选择哪一样？
《藏戏》	世界上还有几个剧种是戴着面具出演的呢？

文章的开端就设置悬念，引起读者思考，同时增加文章的波澜。既新颖，又快速入题，激起读者进一步读下去的兴趣。

本任务案例文章的开头为："张歆艺结婚4周年"在微博上大火，网友粉丝纷纷点赞评论，祝福他们的婚姻美满，也惹来不少人羡慕嫉妒她有袁弘这样一个真心对待她的老公。同时也在暗暗对标，自己的男朋友或老公是否也是如此真心。那么问题来了：男人对你是否真心，从哪些细节可以看出来呢？

3. 写正文

用优美的语言吸引读者的心，那么金句，就是为读者而准备的，给读者一个喜欢文章的理由。金句的特点就是，能用一句话概括的绝不语言繁琐，因此往往是铿锵有力的语言。从金句的运用，可以看出作者的文字水平。金句也可以作为标题、文章的起点，也可以作为文章具体的概括。本任务文章内容就是采用金句+故事+揭示总结。

在网络上能够广泛传播的文章之中，多数都有着发人深省、戳中读者内心的金句。一句话胜过千言万语，能够直达读者的内心，让读者对文章引起强烈的共鸣。读者也许无法记住文章的大多数内容，但是却能够记得这些让他触动的句子。金句也大大增加了读者对文章的好感度，继而也会引发读者的转发和分享。

金句案例见表 2-3-4。

表 2-3-4 金句案例

案例	文 章
德富芦花	人类在出生时，就是带着感情而来的
拉罗杆富科	感情不过是多种形式的自爱
西塞罗	人抛弃理智就要受感情的支配，脆弱的感情泛滥不可收拾，像一只船不小心驶入深海，找不到停泊处

本任务正文为：

爱情，起初都是怦然心动。遇见美好的爱情，像是给心灵打上了一注兴奋剂，激起层层涟漪，向周围慢慢推开。

爱情就好比两块磁铁，相互吸引，也容易相互排斥。有许多女人总是很容易受到伤害，因为分辨不清男人的感情到底是怎么样的，在男人还没有付出真心的情况下就陷入爱情深渊。

遇人不淑是很悲惨的,在女人的情感世界里,一定要学会如何分辨一个男人是否付出了真正的感情。

小李和他男朋友小陈在一起一年了,男友花言巧语,会对她说出各种各样的情话,总是说未来会娶她,要怎么样对她好。但是,平日里为她花一点点钱都要皱眉。出门在外,能不在外面花钱就不花。节日、生日,男友也没有任何表示。虽然小李并不是爱慕虚荣的女人,但是男友却老是说小李现实、物质,说爱情为什么老是要提到钱,这让她觉得男友根本就不爱她。

一个男人如果舍不得为自己心爱的女人花钱,在钱这方面非常计较,甚至会因为女友花了自己的钱而不满、愤怒,一个会把钱看得比自己深爱的人还更重要的人,会付出多少真情呢?恐怕都是虚情假意吧。

而男人真正爱上女人的反应是任何事都会考虑到自己心爱的女人,不会让女人伤心,不会让女人失望,也不会在金钱上那么计较。愿意为心爱的人付出,也会觉得满足。不管是什么节日,情人节、生日,男人都会想着要怎么样给女人惊喜和浪漫。

男人看到女人那满足的笑容,也许就是最大的快乐吧。

4. 写结尾

诺贝尔经济学奖得主丹尼尔·卡尔曼曾经提出了一个峰终定律:人的记忆力较弱,能记住的只有高潮和结尾部分。文章结尾不仅需要干脆,也需追求美感,给予读者流畅的阅读感受,同时也要揭示全文。

主题揭示式结尾的写作方法是在总结全文的基础上,进一步将全文的内容归纳集中、揭示题旨、深化主题。其特点是:"一语为千万语所托命,是为笔头上担得千钧",它既对全文之意加以聚拢,又在此基础上深化,震撼读者心灵。

揭示主题的结尾案例见表2-3-5。

表2-3-5 揭示主题案例

案例	文章结尾
《美丽的小兴安岭》	小兴安岭是一座巨大的宝库,也是一座美丽的大花园。
《找骆驼》	商人听了,照老人的指点一路找去,果然找到了走失的骆驼。
《马》	我现在看到拉货车的马,还打心眼里感到亲切。真的,再也没有像马这样忠实的动物了。

本任务文章案例结尾如下:

所以感情里,男人对你是否真心,看是否能让你快乐就够了吧。

5. 文章配图

(1) 文章开头配图　本文是情感类文章,采用情感类型的图片作为文章开头配图,如图2-3-1所示。

(2) 文章正文配图　文章正文所配的图片一定要高清的。如果图片模糊、质量低,就会降低整篇文章的品质。所配图最好背景干净、简洁,因为过多的背景元素会干扰图片主题,影响文章内容。文章正文配图也是要贴合情感类话题的图片,如图2-3-2所示。

图2-3-1 文章开头配图

图2-3-2 文章正文配图

(3)文章结尾配图 要尽量选用与文章风格统一的图片。配图风格凌乱,会导致文章总体看起来很乱,读者感到不适。风格统一会给读者带来一种舒服感,阅读起来也十分流畅,如图2-3-3所示。

图2-3-3 文章结尾配图

任务评价

请根据表2-3-6任务内容进行自检。

表2-3-6 情感类文章内容创作评价表

序号	鉴定评分点	分值	评分
1	能从热点话题中确定情感文章的主题	30	
2	能根据确定的主题策划情感文章内容	30	
3	能根据策划好的内容创作一篇文章	30	
4	文章紧扣主题、行文流畅,且写作技巧运用得当	10	

项目二　文章内容创作

能力拓展

根据近 15 天的热点话题,确定一篇情感类文章的主题,并根据主题撰写内容策划表,创作情感类文章内容。

知识链接

1. 情感类文章这样写才会更打动读者:可扫描二维码,学习相关文案。
2. 写作 6 大忌,教你打好感情牌:可扫描二维码,学习相关文案。

知识链接

模块二 新媒体短视频制作

移动终端以及网络的普及，带动了新媒体行业的发展，各大新媒体短视频APP迅速获得粉丝的青睐。制作一部成熟的新媒体短视频，从前期准备、中期拍摄到后期剪辑，需步步认真，面面俱到，这是完成一部优秀短视频的基础条件。

本模块将通过前期道具、设备的准备，拍摄脚本的制作及分镜的策划，拍摄所需的机位等工作任务，学会熟练掌握拍摄短视频的技巧，通过PR、VN、快剪辑、Inshot、剪映等剪辑实例，学习电脑及手机不同终端设备的剪辑技巧，学会独立完成从策划、拍摄、剪辑一体的短视频制作。

项目三　短视频拍摄

随着抖音、快手等短视频APP的盛行，短视频已经成为了企业、商家营销推广的必备工具。制作受欢迎的、优质的短视频，前提是策划优质的短视频脚本，然后根据脚本，运用适当的拍摄手法和技巧进行拍摄。

本项目从以下6种目前主流的短视频入手，介绍如何拍摄短视频。这6种短视频的类型主要包括美食类、商品类、Vlog类、舞蹈类、搞笑类、技术流。

电商 新媒体应用

任务 1　美食类短视频拍摄

> **学习目标**

> 1. 了解美食类短视频人群画像。
> 2. 掌握美食类短视频脚本设计的思路和方法。
> 3. 掌握美食类短视频的拍摄技巧。

> **任务描述**

随着生活节奏变快，生活压力增加，独居的年轻人没有时间和精力自己做饭，而美食类短视频的出现，填补了人们部分的心理空虚，带来一种强烈的尝试欲。为更好地掌握美食短视频的拍摄，从各方面展现美食的色香味，请你构思整个短视频的呈现形式，搭配合理的背景音乐，制作一个优质的美食短视频。本任务围绕"送给异地恋女朋友的第 3 个礼物——制作好的速食刀削面"的核心主题拍摄美食类短视频。

> **任务分析**

短视频平台具备大量商业流量变现的机会，美食类短视频更是众多短视频门类中的一匹黑马。在众多美食类短视频中，美食的呈现形式纷繁多样。如何呈现最能激发观众的食欲、完整真实地表现美食的色香味等特色，这些都需要在短视频拍摄前很好地构思和策划，当然镜头和拍摄手法的运用也很重要。本任务视频主体内容是速食刀削面，如图 3-1-1 所示。为了能更好地策划脚本内容，需要上网查阅更多相关的信息，包括产品详情、产品包装、使用方法、产品卖点、相似产品短视频呈现方式等。

图 3-1-1　速食刀削面图片

> **任务准备**

1. 网络环境稳定的机房或者移动设备。
2. 素材。
3. 拍摄器材与道具　速食面条、智能手机、手机支架、柔光箱、碗、筷、勺子、开水等。

> 任务实施

一、美食类短视频的脚本设计

1. 脚本策划

（1）视频时长　如图3-1-2所示，因为现代生活节奏的加快，导致碎片化时间增多，超过40%的用户普遍偏爱观看60 s以下的短视频。

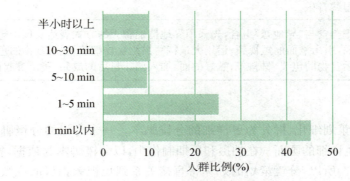

图3-1-2　观看短视频时长

本任务的短视频将时长控制在60 s以内，能够快速展示。但要注意，追求速度的同时，应将美食拍摄得"色香味"俱全，在短时间内让用户聚焦在视频内容上，不至于被大量短视频流掩盖，造成观看量的流失。

（2）基本内容　由于越来越多的青年群体远离家乡去外地工作，恋爱距离变得更远，如何维护异地恋情也成为热门议题。拍摄时可以紧跟这一热门议题，增加点击量。

美食类短视频脚本涵盖的基本内容包括主题、发布标题、运镜、音乐、相关话题，以及如何通过镜头组接充分展示视频内容。

（3）拍摄方式　受展示时间限制，本任务的拍摄将采用直入主题的方式，展示速食面条的操作步骤。拍摄地点选择摄影棚，采用干净偏暖的打光方式，展现食物的干净，增加食物色彩的饱和度。拍摄手法采用全景展示食物的全貌，特写展示食物的细节。背景音乐选用节奏舒缓、温馨的音乐，烘托整部短视频的气氛。

最终脚本策划结果见表3-1-1。

表3-1-1　美食类短视频拍摄前的脚本策划

主题	速食刀削面展示
发布标题	送给异地恋女朋友第3件礼物
参加话题	美食
拍摄时长	60 s以内
拍摄方式	直入主题

续表

拍摄地点	摄影棚
拍摄器材	手机
拍摄道具	速食刀削面、手机支架、柔光箱、碗、筷、勺子、开水
灯光	暖调白光
拍摄景别	以全景、特写为主
背景音乐	温馨音乐
成果	把美食与"异地恋"组合,先采用异地情侣聊天的方式表达女孩子想吃男孩子煮的面,引出煮面的短视频;运用大量特写描绘食物细节,展现食物的色香味。着重展示食物的包装、材料包、煮好的面、加入调味料后的成品、筷子挑起面条的画面等

2. 分镜策划

将前期的脚本策划细化、拆分为更详细的分镜脚本。一个合格的分镜脚本可以通过文字描述,在脑海产生详细的画面。在拍摄和后期制作中,以分镜脚本为依据,拍摄相应画面,把握短视频节奏等。所以,分镜策划的好坏将直接关系到短视频拍摄的成败。美食类短视频拍摄的分镜脚本策划见表3-1-2。

表3-1-2 美食类短视频的分镜脚本策划

镜号	景别	拍摄方向	运镜	拍摄内容	配文	时间(s)
1			录屏	录制异地恋两人微信聊天对话,女方说:"我想吃你煮的牛肉面。"男生打字回复"行,我去学怎么煮牛肉面"	我想吃你煮的牛肉面	3
2	特写	斜面拍摄		速食牛肉面外包装拆装展示	拆开包装	2
3	全景	斜面拍摄		展示牛肉面所有的配料;拿起料包底料,特写展示	面饼、汤包、各种调味料	2
4	特写	斜面拍摄		面放入碗中,倒入调料包	倒入汤包	4.5
5	特写	顶角拍摄	推镜头	摆盘,调料从全景通过,运镜切特写	肉多!大块入味!再也不用点外卖啦!	2
6	特写	斜面拍摄		夹起牛肉,特写牛肉块		2
7	特写	斜面拍摄		夹起面条搅拌	手残党的福利	2
8	特写	斜面拍摄		夹起面与肉往镜头处展示	满足女友一切要求!	2

二、美食类短视频的拍摄

1. 器材使用

美食类短视频对器材要求并不高。通常情况下,不需要太多的镜头运动,只需要基本的三脚架固定机位。也不需要较大的景别。一般的智能手机都可以拍摄美食类短视频,如华为、iPhone、小米、三星、OPPO、VIVO 等,都符合要求。本任务使用 iPhone X 拍摄。

iPhone X 采用的是后置 1 200 万像素竖形双摄像头,支持 4 K、60 fps、1 080 p、240 fps 视频拍摄。前置 700 万像素摄像头,支持 1 080 p、30 fps 视频拍摄。前置红外摄像头分辨率为 1 312×1 104 像素。

由于像素影响短视频的清晰度,目前市场上一般智能手机的像素都可以达到很好的拍摄效果。选取手边现有的手持设备即可。

2. 参数设置

手机参数设置见表 3-1-3。启用网格:前往"设置"→"相机"→启用"网格"功能,如图 3-1-3 所示。网格功能可以帮助我们更好地构图,调整视觉重心。

表 3-1-3 参数设置

闪光灯	自动曝光 AE-L	拍摄模式	清晰度	帧频
关闭	锁定	全景拍摄	1 080 p	30 fps

点击画面任意区域聚焦,上、下移动滑条调整画面亮度,直到达到预期效果。

3. 道具准备

道具包括速食面条、手机支架、柔光箱、碗、筷、勺子、开水。

使用支架来固定机位,可以避免手持拍摄造成的画面抖动,还能调整拍摄高度和角度,如图 3-1-4 所示。

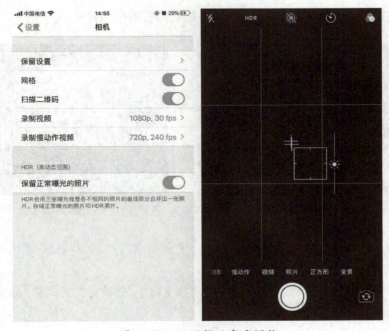

图 3-1-3 网格及亮度调整

如图3-1-5所示，柔光箱可以使拍摄效果更加柔和、明亮，提高显色度，使画面效果更加鲜艳，不会造成过度曝光。

图3-1-4　可调节支架　　　　　　　图3-1-5　柔光箱

道具碗如图3-1-6所示，作为盛放面条的器皿。筷子和勺子可以配合夹起面条，展示面条的筋道感与配料细节。

4. 场景布置

将需要拍摄的物品摆放在展示台的中间，如图3-1-7所示。在拍摄主体的左侧、右侧、顶端分别放置柔光箱。侧光可以更好地体现拍摄主体表面的纹理和细节，大范围补光。通过不断调整机位以及灯光摆放的位置，最终达到需要的拍摄效果。

图3-1-6　道具碗　　　　　　　图3-1-7　拍摄场景整体布局

5. 拍摄实操

步骤1：录制微信上异地恋情侣的对话。

步骤2：打开手机相机，将手机固定在可调节支架上，摆放好产品，将产品中心聚焦在网格中间，如图3-1-8所示。

步骤3：调整灯光，直接对焦产品，提高画面亮度，如图3-1-9所示。

图 3-1-8 固定机位

图 3-1-9 调整柔光箱

步骤 4：按分镜脚本拍摄。首先拍摄拆开刀削面包装的镜头，再展示产品内部面饼、调料包、汤包等配料，如图 3-1-10 所示。

图 3-1-10 拍摄产品全景

步骤 5：将刀削面煮好后放入碗中，拍摄倒入汤包等配料的过程。用推镜头展示加入全部配料的刀削面，拍摄筷子、勺子夹起配料和面条的画面。

任务评价

根据表 3-1-4 的任务内容进行自检。

表 3-1-4 美食类短视频脚本策划评价表

序号	鉴定评分点	分值	评分
1	能根据本任务的策划思路以及所了解的视频主体（刀削面）的其他信息，策划一份与本任务呈现形式/主题话题不一样的脚本	30	
2	能根据上面的脚本撰写一份分镜策划	30	
3	能根据设计好的脚本拍摄短视频	30	
4	脚本设置合理、可执行、主题鲜明、逻辑清晰，拍摄的视频画质清晰、突出主体、构图合理	10	

电商 新媒体应用

能力拓展

分小组为图 3-1-11 所示的美食——珍珠奶茶拍摄短视频。拍摄前撰写脚本策划、分镜脚本。在开始拓展训练前,需要上网查阅更多相关信息(产品详情、制作工艺、使用方法、产品卖点、相似产品短视频呈现方式等)。

图 3-1-11 美食——珍珠奶茶

知识链接

1. 了解美食类短视频:可扫描二维码,学习相关文案。
2. 美食类短视频的运营策略研究:可扫描二维码,学习案例分析。
3. 5 类美食短视频制霸荧屏:可扫描二维码,学习相关文案。
4. 美食短视频拍摄技巧:可扫描二维码,学习相关文案。

知识链接

任务 2 商品类短视频拍摄

学习目标

1. 了解商品类短视频人群画像。
2. 掌握商品类短视频脚本设计的思路和方法。
3. 掌握商品类短视频的拍摄技巧。

任务描述

平面设计作品展示已经不能完全满足人们对产品信息获取的需求,采用短视频直播展示商品渐渐增多,通过短视频引流已经成为了一种新的变现方式。商品变现,视频化是一个必然的趋势。现需要你独立制作一部可以投入使用的商品类短视频作品。从脚本创作到最终的拍摄,注意使用商品类短视频的创作技巧。

任务分析

各类短视频 APP 已经成为优秀的变现平台,随处可见使用短视频展示商品的运营者。

商品类短视频是转化能力最直接的。在拍摄商品类短视频前,要通过前期的构思和策划,努力表现商品的使用特点。通过画面色彩的配合让商品具备相当的吸引力,激发观众的购买欲望。镜头和拍摄手法运用也是十分重要的。

本任务视频主体内容是商品"化妆镜收纳盒",如图 3-2-1 所示。在任务开始前,需在网络查阅更多相关信息(产品详情、产品包装、使用方法、产品卖点、相似产品短视频呈现方式等)。

图 3-2-1 化妆镜收纳盒

任务准备

1. 网络环境稳定的机房或者移动设备。
2. 素材。
3. 拍摄器材与道具 化妆盒、智能手机、各类化妆品、花瓶及花、三脚架、补光灯等。

任务实施

一、商品类短视频的脚本设计

1. 脚本策划

在抖音短视频 APP 里,视频时长可分为两类。一类是 15 s 以内的视频,另一类则是 1 min 以内的视频。

(1) 15 s 以内短视频 这类短视频制作难度较低,基本有一部智能手机就可以完成。视频内容大多丰富有趣。只要内容有趣程度在平均线以上,就可以不断吸引用户观看,提高用户黏度,给感官带来新鲜感,具有惊人的传播力度。由于其简单便捷的制作手法,这类短视频给大众创造了机会,每个用户都能成为短视频的创作者,就算内容一般,观众也愿意观看。

(2) 1 min 以内视频 在用户粉丝达到 1 000 后,可以向抖音申请 1 min 短视频发布权限。但是,如果内容不够有趣,用户往往失去观看的兴趣,严重则会导致粉丝负增长。所以对视频质量要求较高。

本任务拍摄 15 s 以内的短视频作为案例,完成脚本策划。为了不淹没在大流量中,需要在 15 s 内充分展示商品收纳的特性及优质感,让用户在短短十几秒内,将注意力聚焦在商品卖点上,充分了解这款收纳盒强大的收纳特性。拍摄前需细致策划,突出卖点并更好地落实到短视频中。

拍摄短视频的脚本大同小异,需要涵盖的基本内容包括主题、发布标题、运镜、拍摄手法、音乐、相关话题,以及如何通过镜头组接将视频内容充分展示。

采用直入主题的方式,通过定格拍摄手法,展示化妆镜收纳盒的使用方法。拍摄地点选择摄影棚拍摄,采用干净偏白的打光方式,展现收纳盒的品质感、高级感,加深环境整洁度。

全景展示化妆盒的全貌,定格拍摄体现化妆盒大容量的收纳功能。背景乐选择热门音乐,增加视频关注度,见表3-2-1。

表3-2-1 商品类短视频拍摄前的脚本策划

主题	化妆镜收纳盒展示
发布标题	分享一个自带补光灯的化妆盒,女神必备
参加话题	好物推荐,抖音好物发现节
拍摄时长	15 s以内
拍摄方式	直入主题
拍摄地点	摄影棚
拍摄器材	手机
拍摄道具	化妆盒、各类化妆品、花瓶及花、三脚架、补光灯
灯光	白光
拍摄景别	以全景为主
背景音乐	热门音乐(当期热门音乐为"女孩"+"不可以")
成果	通过打光体现收纳盒的干净度;背景用同色白花和略带金色的花瓶,突显商品的质感和高级感;展示收纳盒带灯光化妆镜,运用化妆品让观众看到商品强大的收纳功能;突显商品上层可收纳长瓶类粉底液、乳液等产品,下层可收纳小型化妆品如面膜、口红等

2. 分镜策划

对商品类短视频脚本策划进行细化,拆分为更详细的分镜脚本。通过文字描述,在脑海产生详细的画面。在拍摄和后期制作中,以分镜脚本为依据,拍摄相应画面、把握短视频节奏等。本任务分镜脚本策划见表3-2-2所示。

表3-2-2 商品类短视频的分镜脚本策划

镜号	景别	拍摄方向	运镜	拍摄内容	音乐	时间(s)
1	全景	正面拍摄		展示收纳盒上化妆镜及照明功能	音乐开始	3
2	全景	正面拍摄	定格	展示收纳盒的收纳功能(上层置物区收纳瓶子等较高化妆品,中间左侧抽屉以及中间右侧抽屉收纳口红等化妆品,底层抽屉收纳面膜)		6
3	特写切全景	正面拍摄		特写商品并推动,使画面产生动感,实际上镜头位置不变		2

本任务分镜策划涉及的知识点为定格拍摄、特写、全景、正面拍摄,重点知识为定格拍摄。

影视中的定格拍摄基本上是后期加工而成的,摄像机无法拍摄定格镜头。具体制作方法有两种:一种是传统方式,将需要制作定格镜头的底片,在光学印片机上定格翻拍成工作样片。由于胶片拍摄已经逐步被淘汰,所以这样的方法已经被电脑操作所取代。另一种方式是将拍摄好的片段导入电脑,用专业剪辑软件和特技软件(如 Pr 软件)制作特技,最后转化成定格效果。这类方式常用于视频中人物首次出场时,如图3-2-2所示。

图3-2-2 电影中的人物定格出场

二、商品类短视频拍摄

1. 器材使用

iPhone X 可以自动对焦、相位变焦等。具有光学图像防抖功能,通过 IS 镜片组和感光原件的移位来实现防抖,即物理防抖,支持视频幅画的更高防抖功能,使用时相对稳定,能够流畅拍摄短视频。所以,本任务用 iPhone X 拍摄。

2. 参数设置

手机参数设置见表3-2-3,启用网格。

表3-2-3 参数设置

闪光灯	自动曝光 AE-L	拍摄模式	清晰度	帧频
关闭	锁定	全景拍摄	1 080 p	30 fps

3. 道具准备

道具包括展示的商品、化妆品、背景花瓶与假花、三脚架、补光灯等。采用的是固定机位。花具有温馨感与生命力,用花束作为道具,可以给画面带来美好清新的感觉与勃勃生机;给单调的背景增加层次,提升拍摄商品的格调与品味。选用与画面同样低饱和度、高明度的花束搭配白金色的花瓶,这样可以更好地融入画面,整体更加和谐,提升拍摄商品的品质感,如图3-2-3所示。

使用补光灯布光,突出商品,让画面具有洁净感。从正面和顶端打光,可以更好地塑造画面立体效果,加深布景层次,如图3-2-4所示。

图3-2-3 道具花束

图3-2-4 补光灯

4. 场景布置

将需要拍摄的物品安放在展示台的中间,如图3-2-5所示,从拍摄主体的顶部及正面分别放置补光灯、柔光箱打光。正面打光可以更好地体现拍摄主体的质感和结构。大范围补光,不断调整机位以及灯光摆放的位置,最终达到需要的拍摄效果。

5. 拍摄实操

步骤1:进入"设置"找到"相机",勾选"网格",拍摄时就会有网格比例。

步骤2:打开"相机"找到网格构图的中心,对拍摄物对焦。利用可升降支架固定手机,便于把控镜头并稳定拍摄,如图3-2-6所示。

图3-2-5 拍摄场景整体布局

图3-2-6 对焦

步骤3:使用补光灯,从顶部及正面布光。如图3-2-5所示。

步骤4:拍摄商品,展示化妆盒的化妆镜及灯光。

步骤5:拍摄化妆盒放入化妆品的步骤。后期定格1~2s等待,直到把所有化妆品装进化妆盒内,如图3-2-7所示。

步骤6:拍摄化妆盒从特写用手推到全景的过程,完成拍摄。

项目三　短视频拍摄

图 3-2-7　商品类视频拍摄

任务评价

根据表 3-2-4 的任务内容进行自检。

表 3-2-4　商品类短视频脚本策划评价表

序号	鉴定评分点	分值	评分
1	能根据本任务的策划思路以及了解到的视频主体（化妆镜收纳盒）的其他信息，策划一份与本任务呈现形式不一样的脚本	30	
2	能根据上面的脚本撰写一份分镜策划	20	
3	能根据设计好的脚本拍摄短视频	20	
4	脚本设置合理、可执行、主题鲜明、逻辑清晰；视频画质清晰、突出主体、构图合理，能够展示商品的使用功能	30	

能力拓展

分小组为如图 3-2-8 所示的商品——帆布鞋拍摄短视频。拍摄前撰写脚本策划及分镜脚本。在开始拓展训练前，需要上网查阅更多相关的信息（产品详情、制作工艺、使用方法、产品卖点、相似产品短视频呈现方式等）。

图 3-2-8　商品——帆布鞋

知识链接

1. 拍摄商品类的短视频该注意什么：可扫描二维码，学习相关文案。
2. 高转化短视频的做法，必看的短视频拍摄技巧：可扫描二维码，学习相关文案。
3. 淘宝商品短视频拍摄技巧：可扫描二维码，学习相关文案。

知识链接

电商 新媒体应用

任务 3　Vlog 类短视频拍摄

学习目标

1. 了解 Vlog 类短视频主要展现内容。
2. 掌握 Vlog 类短视频脚本设计的思路和方法。
3. 掌握 Vlog 类短视频的拍摄技巧。

任务描述

2019 年以来，各类 Vlog 类短视频井喷式爆发，迅速成为各大短视频平台的热门内容。各个平台都在加重 Vlog 比重，如抖音就提出"记录美好生活"，而快手提出"记录世界记录你"，也让它的市场价值不断走高。现需要你独立制作一部 Vlog 类短视频作品，记录上班的过程。注意练习、掌握 Vlog 类短视频的拍摄流程及制作方法。

任务分析

Vlog 有着优秀的视觉表达效果，可以生动地记录生活的每一天，让观众沉浸在自己想看、想做但又无法实现的事物中，体验另一种生活，也让观众透过短视频看到了每个人不同的生活态度。

通过前期的构思和策划，定位 Vlog 需要展示的内容，通过简洁有力的剪辑，配合动感的音乐，让 Vlog 类短视频可以在短时间内迅速抓住观众的视线。完成从选题、拍摄到剪辑的一系列流程，掌握 Vlog 的拍摄技巧，能独立完成 Vlog 类短视频的拍摄与制作。

本任务视频主体内容是日常 Vlog。需要在任务开始前，在网络上观看相关 Vlog 视频，了解 Vlog 类短视频的基本内容。

任务准备

1. 网络环境稳定的机房或者移动设备。
2. 素材。
3. 拍摄器材与道具　智能手机一部、手持稳定器等。

任务实施

一、Vlog 类短视频的脚本设计

1. 脚本策划

（1）视频时长　当代社会的观众群体因为生活节奏的加快，导致休闲时间变少，而碎片化的时间增多，通过数据研究发现，观看 Vlog 类视频的用户超过 45% 都偏爱时间紧凑、可

以在 1 min 内看完的 Vlog 短视频，如图 3-3-1 所示。

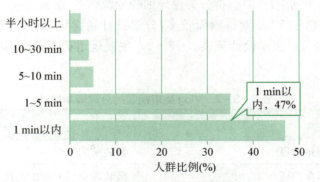

图 3-3-1　2020 年 Vlog 观看时长

（2）基本内容　本任务将成品时长控制在 1 min 以内，快速展示。要保证每个镜头衔接、过渡完整，在短时间内让用户聚焦在视频内容，提升观众对视频的关注度，使观众愿意反复观看，提升播放量。

Vlog 视频脚本涵盖的基本内容包括发布标题、运镜、音乐，如何通过镜头组充分展示视频内容。

（3）拍摄方式　受时间限制，本任务的拍摄采用直入主题的方式。Vlog 拍摄不受地点、布景、布光限制，可随时随地拍摄。采用手持稳定器和手机录制，选择节奏感强的背景音乐。脚本策划见表 3-3-1。

表 3-3-1　Vlog 类短视频拍摄前的脚本策划

主题	上班记
发布标题	上班记—Vlog—我的日常
参加话题	Vlog 我的日常
拍摄时长	1 min 以内
拍摄方式	直入主题展示
拍摄地点	随手记录上班路上的景物
拍摄器材	手机
拍摄道具	手持稳定器
灯光	无（利用周围设施环境）
拍摄景别	以全景、特写为主
背景音乐	节奏感强的音乐
成果	把上班的每一个片段录制 5 s。以早晨起床的画面开头，引导用户产生共鸣。通过快节奏的运镜衔接每一片段，展现上班的紧凑感。音乐配合画面，让视频更富有节奏

2. 分镜策划

将前期的脚本策划进行细化，拆分为更详细的分镜脚本，落实 Vlog 拍摄的整体风格，把握短视频节奏等。由于 Vlog 素材画面较多，分镜设计越详细，就越方便后期的剪辑处理。Vlog 短视频拍摄的分镜脚本设计见表 3-3-2。主要运用正面拍摄、斜面拍摄、俯拍、全景与特写等手法。

表 3-3-2　Vlog 类短视频的分镜脚本设计

镜号	景别	拍摄方向	运镜	拍摄内容	时间(s)
1	特写	顶角拍摄		换装前的状态	2
2	特写	顶角拍摄		换装后与换装前的动作衔接	3
3	特写	从左至右拍摄	移镜头（右）	电梯外面到电梯里面的画面	3
4	特写	俯拍	移镜头（右）	地铁刷卡机	2
5	特写	从下至上拍摄	移镜头（上）	地铁站牌	3
6	全景	正面拍摄	移镜头（前）	地铁站列车驶过	2
7	特写	正面拍摄	移镜头（右）	站牌、进入车厢	5
8	特写	正面拍摄	移镜头（左）	拍摄下车地点站牌	2
9	特写	从上至下拍摄	移镜头（下）	拍摄上电梯的画面	2
10	特写	向前推进拍摄	移镜头（右）	打卡画面	2
11	特写	向右斜面拍摄，然后回正	移镜头（右）	拍摄工位电脑，完成拍摄	4

二、Vlog 类短视频的拍摄

1. 器材使用

Vlog 视频对器材的要求较高。但通常情况下，简单的 Vlog 视频的镜头运动也可使用手机拍摄。使用基本云台稳定器就可以达到良好的画面效果，不需要较大的景别，一般的智能手机就足够了，如华为、iPhone、小米、三星、OPPO、VIVO 等。

本任务使用小米 9pro 拍摄。小米 9pro 主屏分辨率为 2 340×1 080 像素，8 核，后置摄像头 4 800 万像素，前置摄像头 2 000 万像素。主要功能有智能超广角模式、手持超级夜景模式、人像模式背景虚化、全景模式、专业模式、倒计时拍照、水平仪、超广角边缘畸变校正、AI 超分辨率拍照等，拥有良好的稳定性能与拍摄效果。

2. 参数设置

参数设置见表 3-3-3。前往"设置"→"相机"→选择设置打开"视频防抖"功能，如图 3-3-2 所示。视频防抖功能可以在拍摄时获得更稳定的画面，调整视觉重心。在"设置"旁边调整视频画质到 1 080 p、60 fps。根据情况，延时摄影与微距模式也可以在特殊的场景和环境拍摄时开启。可以点击画面任意区域聚焦，上下移动屏幕调整画面亮度，达到拍摄所需要的效果即可。

表 3-3-3 参数设置

闪光灯	自动曝光 AE-L	拍摄模式	清晰度	帧频
关闭	锁定	全景拍摄	1 080 p	60 fps

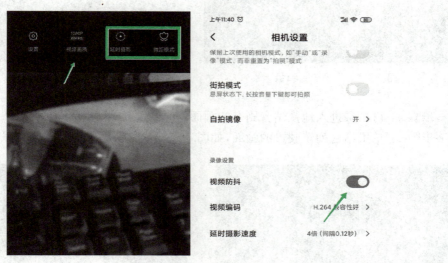

图 3-3-2 视频防抖

3. 道具准备

由于 Vlog 记录的是生活日常，一般无法进行场景布置、布光等，所以不需要准备过多的道具，只准备拍摄用的手机与手机云台稳定器即可。采用活动机位，云台稳定器稳定镜头，如图 3-3-3 所示。

4. 拍摄步骤

步骤1：打开手机相机，将手机固定在云台上。按照分镜拍摄起床站起来的画面，准备起跳，如图 3-3-4 所示。

图 3-3-3 云台稳定器

图 3-3-4 Vlog 拍摄—1

步骤2：换好衣服鞋子，再拍摄一段起跳落地的过程，如图3-3-5所示。

步骤3：从左向右斜面拍摄电梯按钮画面，直到进入电梯，如图3-3-6所示。

图3-3-5　Vlog拍摄—2

图3-3-6　Vlog拍摄—3

步骤4：再拍摄进入地铁站台刷卡的画面，如图3-3-7所示。

步骤5：拍摄站台列车驶过的画面，如图3-3-8所示。

图3-3-7　Vlog拍摄—4

图3-3-8　Vlog拍摄—5

步骤6：拍摄站牌，进入车厢，如图3-3-9所示。

步骤7：拍摄下车地点站牌，如图3-3-10所示。

图3-3-9　Vlog拍摄—6

图3-3-10　Vlog拍摄—7

步骤8：顶角拍摄下车、自动扶梯上的拍摄者，如图3-3-11所示。

步骤9：推镜头拍摄到公司打卡的画面，如图3-3-12所示。

图 3-3-11　Vlog 拍摄—8

图 3-3-12　Vlog 拍摄—9

步骤 10：从左向右斜面拍摄工位电脑画面，完成全部拍摄，如图 3-3-13 所示。

图 3-3-13　Vlog 拍摄—10

任务评价

根据表 3-3-4 的任务内容进行自检。

表 3-3-4　Vlog 类短视频脚本策划评价表

序号	鉴定评分点	分值	评分
1	能根据本任务的策划思路以及其他信息，策划一份与本任务呈现内容不一样的 Vlog 类短视频的脚本	30	
2	能根据上面的脚本撰写一份分镜策划	20	
3	能根据设计好的脚本拍摄短视频	20	
4	脚本设置合理、可执行、主题鲜明、逻辑清晰；视频画质清晰、突出主体、构图合理	30	

能力拓展

分小组，以"周末的生活"为主要内容，拍摄 Vlog 类短视频。需要策划脚本，撰写分镜脚本，拍摄短视频。

知识链接

1. Vlog 怎么拍，稳定器选好之后随便拍：可扫描二维码，学习相关文案。
2. 拍摄 Vlog，如何构思和编写脚本：可扫描二维码，学习相关文案。

知识链接

任务 4　舞蹈类短视频拍摄

学习目标

1. 了解舞蹈类短视频人群画像。
2. 掌握舞蹈类短视频脚本设计的思路和方法。
3. 掌握舞蹈类短视频的拍摄技巧。

任务描述

舞蹈作为一种重要的艺术表现形式，是承载年轻人自我表达的独特方式。舞蹈类短视频中最易火爆的是各种另类舞蹈，比如海草舞、电摆舞等。这些舞蹈节奏欢快、易于模仿、传播迅速。随着用户量的不断增多，舞蹈作为当下的一种潮流文化，成为了各大短视频平台的爆款内容。现需要你独立制作一部舞蹈类短视频作品，从脚本创作到最终的拍摄，拍摄一部简单的舞蹈类短视频，掌握舞蹈类短视频的制作方法。

任务分析

舞蹈类短视频以其节奏感强的音乐加上高颜值的舞者，吸引了众多用户群体的喜爱，热门的音乐舞蹈一经发布，瞬间引起全网模仿。

本任务视频主体内容是舞蹈。需要在任务开始前，在网络上去查阅更多舞蹈相关信息。需要一位具有舞蹈基础的同学作为被拍摄者。本任务通过简单易学的拍摄，制作一个精美的舞蹈类短视频作品，掌握从策划到拍摄完成制作的基本方法。

任务准备

1. 网络环境稳定的机房或者移动设备。
2. 素材。
3. 拍摄器材与道具　智能手机一部、云台稳定器等。

> 任务实施

一、舞蹈类短视频的脚本设计

1. 脚本策划

（1）视频时长　分析数据可知，舞蹈类短视频用户中，观看时长在 1 min 以内的用户量近 50%，而超过半小时的仅占 2%。现代年轻人在碎片化的时间里更偏好时间短、节奏感强且颜值高的画面视觉。在观看舞蹈类短视频的时候，肢体会不自觉地跟着音乐画面律动，享受其中。舞蹈类短视频播放时长处于 1 min 的，最能获得大量观众，如图 3-4-1 所示。

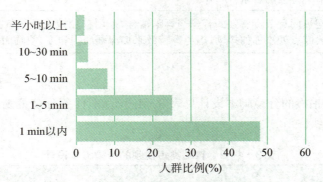

图 3-4-1　2020 年舞蹈类短视频平均观看时长

本任务将时长控制在 1 min 以内，注意节律紧凑的同时，镜头的衔接过渡都必须非常完整，保证视频画面的流畅度；在短时间内让用户聚焦在视频内容上，提升观众对视频的留存度。

（2）基本内容　在拍摄前需要整体构思，把控镜头。拍摄舞蹈类短视频脚本涵盖的基本内容包括发布标题、镜头、音乐，以及如何通过镜头将舞蹈内容充分展示。以当下热门的平台音乐为背景音乐，创作简单的编舞；或者是模仿当下热门的音乐舞蹈，融入自己的特色。比如，张艺兴在美拍发布了个人新专辑中的主打歌曲《SHEEP》的同名舞蹈视频，向大家发起"张艺兴 SHEEP 舞"挑战。活动发起后仅 20 天，就有 9 000 余名用户跟拍，最终美拍话题"和张艺兴有戏"的播放量超 2.8 亿。拍摄时紧跟热门话题，可以大大增加视频作品的点击量。

（3）拍摄方式　受展示时间限制，本任务采用直入主题的方式，即音乐节拍与舞蹈结合。拍摄地点选择在海边，以大海及蓝天作背景。利用自然光，摆放好三角伸缩支架。采用手持稳定器跟手机就可以开始录制。通过移拉镜头、定点拍摄传达舞蹈与音乐的完美融合。本任务的脚本策划见表 3-4-1。

表 3-4-1　舞蹈类短视频拍摄前的脚本策划

主题	热门音乐《LOW》的舞蹈展示
发布标题	今日份的酷盖女孩
参加话题	舞蹈——LOW

续表

拍摄时长	1 min 以内
拍摄方式	直入主题
拍摄地点	海边拍摄
拍摄器材	手机、云台稳定器
灯光	利用周围设施环境
拍摄景别	以全景为主
背景音乐	节奏感强的音乐《LOW》
成果	把热门且节奏感强的音乐与舞蹈结合,采用移拉镜头及全景拍摄,在每个音乐片段鼓点处添加如抖动、虚晃等特效来加深画面饱和度,使画面更加有层次感

2. 分镜策划

舞蹈类短视频拍摄的分镜脚本设计见表3-4-2。本任务分镜策划涉及的知识点包含全景、拉镜头、移镜头。

表3-4-2 舞蹈类短视频的分镜脚本设计

镜号	景别	拍摄机位	歌词	拍摄内容	时间(s)
1	全景	固定机位、云台拉镜头	前奏	开始舞蹈预热(加入抖动特效)	4
2	全景	固定机位、云台移镜头	开始歌曲	直入舞蹈	6
3	全景	固定机位、云台移镜头	歌曲播放中	舞蹈过程(加入虚晃特效)	4
4	全景	固定机位、云台移镜头	歌曲播放中	舞蹈过程(加入晃动虚幻特效)	6
5	全景	固定机位、云台移镜头	歌曲播放中	舞蹈过程(加入抖动)	3
6	全景	固定机位、云台移拉镜头	歌曲播放最后部分	舞蹈结束	13

(1)全景 全景主要展示拍摄场景的全貌,通过第一视角看到完整舞蹈。

(2)拉镜头 画面对着人物向后拉远,摄像机逐渐远离被拍摄主体,画面就从局部逐渐扩展,观众视点后移,看到局部和整体之间的联系。

(3)移镜头 摄像机安放在移动的运载工具上,在水平方向,按一定运动轨迹边运动边拍摄。画面中不断变化的背景使镜头表现流动感,使观众产生置身于其中的感觉,增强了艺术感染力。

二、舞蹈类短视频的拍摄

1. 器材使用

舞蹈类短视频拍摄对器材要求不高,简单的运动镜头可以用手机拍摄,需要云台稳定器,不需要较大的景别。所以只要保证稳定清晰,智能手机就可以拍摄。

本任务使用小米 9pro 拍摄。小米 9pro 具有超清、长焦、超广角、全焦段覆盖功能,支持倒计时拍照、连拍、面部识别、HDR、动态照片、AI 美颜、AI 智能瘦身、超广角边缘畸变校正、合影人脸修正、自定义水印、人像全身模式、人像虚化调节、后置 AI 场景相机、AI 影棚光效、AI 超分辨率拍照、月亮模式等。

2. 参数设置

打开视频防抖功能,稳定画面,重心调整视觉。调整视频画质到 1 080 p、60 fps。在特殊的场景跟环境下拍摄时打开延时摄影与微距模式。

3. 道具准备

道具包括拍摄的手机、手机云台稳定器。使用云台可以最大限度地固定机位,避免手持拍摄造成的画面抖动,还能调整拍摄高度和角度,如图 3-4-2 所示。

4. 拍摄实操

把手机放入云台,稳定拍摄横竖两版运动画面,中间用移镜头与拉镜头的方式让画面更加有层次感,录制时间是主题音乐《LOW》的片段时间,如图 3-4-3 所示。

图 3-4-2　云台稳定器

图 3-4-3　云台拍摄

任务评价

根据表 3-4-3 的任务内容进行自检。

表 3-4-3　商品类短视频脚本策划评价表

序号	鉴定评分点	分值	评分
1	能根据本任务的策划思路以及舞蹈类短视频信息,策划一份舞蹈类短视频拍摄脚本	30	
2	能根据上面的脚本撰写一份分镜策划	20	
3	能使用智能手机,根据设计好的脚本拍摄短视频	20	
4	脚本设置合理、可执行;拍摄的视频画质清晰、突出主体、构图合理;能够让画面与音乐配合融洽,无突兀感	30	

电商新媒体应用

能力拓展

分小组拍摄舞蹈类短视频。拍摄前策划脚本，撰写分镜脚本。需要上网观看近期热门的舞蹈类短视频，着重了解视频中舞蹈与音乐的选择。

知识链接

1. 抖音短视频运营推广方法：可扫描二维码，学习相关文案。
2. 舞蹈会成为短视频内容的下一个爆点吗：可扫描二维码，学习相关文案。

知识链接

任务 5　搞笑类短视频拍摄

学习目标

1. 了解搞笑类短视频内容优势。
2. 掌握搞笑类短视频脚本设计的思路和方法。
3. 掌握搞笑类短视频的拍摄技巧。

任务描述

搞笑类短视频是日常生活中的情绪添加剂，能让观众释放情绪和压力。近年来兴起的各种短视频平台，更是将搞笑类短视频作为其平台的主要竞争力。现需要你从脚本创作到最终拍摄的基本流程，完成一部有趣的搞笑类短视频，包括策划、脚本设计、拍摄等基本内容，进一步掌握搞笑类短视频的拍摄制作方法。

任务分析

在短视频平台飙升的关键词中，"搞笑"脱颖而出。搞笑类短视频在新媒体领域是一块重要板块，也是最受年轻人欢迎的板块之一，在各大短视频平台上随处可以见到各种各样的搞笑短视频。

本任务视频主体内容是搞笑剧情。需要在网络上去查阅更多搞笑类短视频或搞笑段子，寻找"笑点"，合理安排在短视频策划中。

通过前期构思和策划，设计搞笑类短视频的主要内容，通过人物演出以及超出预想的反转剧情，让短视频产生搞笑的娱乐效果，其中台词的设置和演员的表演十分重要。

任务准备

1. 网络环境稳定的机房或者移动设备。

2. 素材。

3. 拍摄器材与道具　智能手机 3 部、两台三脚架、简历、水杯等。

任务实施

一、搞笑类短视频的脚本设计

1. 脚本策划

（1）搞笑类短视频的优势　搞笑类内容是适合所有新创作者的娱乐类型，包括讲笑话、情景剧、失误画面、流行梗等。艾媒权威发布的《中国短视频市场研究报告》显示，2019 年，中国移动短视频用户规模已经超 8.2 亿，预计 2020 年将达到 9 亿人，增长 10%。最受欢迎的短视频题材中，搞笑类占比近 40%。搞笑已经成为短视频创作的热门题材，而结合搞笑题材的短视频有 3 个不可忽略的优势：①搞笑内容老少咸宜，借助短视频的快消特质，能够快速抓住用户眼球。②搞笑短视频符合全民文化传播要求，能够在短时间内将人气聚拢在平台上，为用户增长提供充足的动力。③短视频比图片文字等更生动，搞笑内容的创作也更具弹性。

（2）基本内容与拍摄方式　观看搞笑类短视频的人群大部分为职场压力大的白领。老板与员工类的短视频在快手平台上很受欢迎，选择办公室题材的搞笑短视频是为了使这类人群成为忠实粉丝，他们有着不容忽视的消费能力。

在办公室拍摄时需要注意，拍摄光线要充足，保证拍摄内容清晰，可以利用白天的自然光。

脚本策划见表 3-5-1。

表 3-5-1　搞笑类短视频拍摄前的脚本策划

主题	销售面试
发布标题	老板面试遇上机智小伙
参加话题	搞笑、短剧情
拍摄时长	60 s
拍摄方式	直入主题
拍摄地点	办公室
拍摄器材	2 部手机、2 个手机三脚架
拍摄道具	手机、简历、水杯
灯光	白光
拍摄景别	以近景、中景为主
背景音乐	轻快幽默

2. 分镜策划

拍摄两人的搞笑类短视频,需要运用两个固定镜头,保证切换镜头的机位一致,不会出现每次对话所产生的拍摄角度偏移。拍摄近景时选择机位很重要,因为每个演员脸部都有自己好看的侧面。切记镜头不能收入画面。搞笑类短视频拍摄分镜策划见表3-5-2。

表3-5-2　搞笑类短视频的分镜策划

景别	场景	运镜	拍摄内容	时间(s)
近景	白天,公司办公室	固定镜头1	公司老板正在面试新人,他拿着桌上的简历,喊道:下一个	5
近景	白天,公司办公室	固定镜头1	老板抬起头,带着疑问的眼神问道:你是来面试销售主管的?	4
近景	白天,公司办公室	固定镜头2	淡定男:当然啊!	2
中景	白天,公司办公室	固定镜头2	老板桌子对面的年轻人,穿着休闲装,脸上十分淡定,仿佛胜券在握	3
近景	白天,公司办公室	固定镜头1	老板:我出一道题,只要你能完成,你就能获得这个工作!	8
近景	白天,公司办公室	固定镜头2	淡定的男生摊开双手:可以	3
近景	白天,公司办公室	固定镜头1	老板拿起桌子上的手机:如果我是顾客,你怎么把这台手机卖给我	8
中景	白天,公司办公室	固定镜头2	淡定男站了起来,拿起桌子上的手机说:你给我5分钟时间,你就会想买我的手机了	7
中景	白天,公司办公室	固定镜头2	年轻人把手机拿走,走出了办公室	2
		剪辑	A Few Moments Later(很长时间过去),淡定男收到老板来电:喂?	2
近景	白天,公司办公室	固定镜头1	老板打电话给淡定男:喂!你去哪儿了!都过了两个小时了!你快把手机还给我!	5
近景	家里	固定镜头2	淡定男:没问题。一口价,2 000元!你就能拥有它	6
近景	白天,公司办公室	固定镜头1	老板无奈:好吧,你明天带着我的手机来公司上班	5

二、搞笑类短视频的拍摄

1. 器材使用

像素高才能让画面更加精致清晰,所带来的解析力会让视频更加细腻。

iPhoneXR 采用后置 1 200 万像素光脚摄像头,支持 4 K 24 fps、30 fps、60 fps、1 080 p 30 fps、60 fps 视频拍摄,变焦播放。4 K 视频录制,可拍摄 800 万像素静态照片,光学图像防抖,具体参数见表 3-5-3。

表 3-5-3 Iphone XR 手机参数

项目	参数
屏幕规格	6.1 英寸,1 792×828 分辨率
相机规格	后置广角 1 200 万像素
防抖功能	影院级视频防抖功能(1 080 p 和 720 p)
CPU	苹果 A12 处理器
录音	立体声

2. 参数设置

手机参数设置见表 3-5-4,启用"网格"功能。点击画面任意区域聚焦,通过上下移动滑条调整画面亮度,直到达到预期效果。

表 3-5-4 参数设置

闪光灯	自动曝光 AE-L	拍摄模式	清晰度	帧频
关闭	锁定	全景拍摄	1 080 p	30 fps

3. 道具准备

道具包括手机、简历、水杯、三脚架等。手机三脚架的作用主要是稳定手机,防止拍摄时抖动。建议购买高一些的三脚架,能够保证拍摄高度不会受到限制。

手持拍摄设备长时间下来耗费体力,会降低摄影师的拍摄水准,而利用手机三脚架能够更加方便快捷地操作手机拍摄,节省体力,如图 3-5-1 所示。

4. 场景布置

本任务拍摄场景为办公室,使用室内灯光即可。角色坐在办公桌两侧,桌上放置道具及简历。

5. 拍摄步骤

步骤 1:进入设置找到相机,勾选"网格"。

步骤 2:将手机固定在三脚架上,找到合适的固定机位。

步骤 3:调整相机,人物入镜,保证适合的自然光效果,如图 3-5-2 所示。

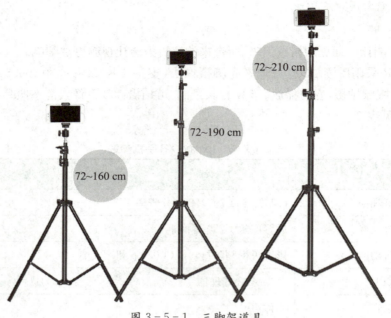

图 3-5-1 三脚架道具

步骤 4：场景变换，拍摄淡定男在家里接电话场景。固定近景机位，准备杯子和手机等道具。拍摄打电话给淡定男的手机，如图 3-5-3 所示。

步骤 5：按照准备好的分镜脚本，保持镜头固定，运用中景和近景的拍摄手法，完成短视频素材拍摄，如图 3-5-4 所示。

图 3-5-2 调整机位角度

图 3-5-3 切换场景

图 3-5-4 近景拍摄

项目三　短视频拍摄

任务评价

根据表3-5-5的任务内容进行自检。

表3-5-5　搞笑类短视频脚本策划评价表

序号	鉴定评分点	分值	评分
1	能根据本任务的策划思路,策划一份与本任务内容不一样的搞笑类短视频脚本	30	
2	能根据上面的脚本撰写分镜策划	20	
3	能根据设计好的脚本拍摄短视频	20	
4	脚本设置合理、可执行、逻辑清晰、内容有趣,视频画质清晰、突出主体、构图合理	30	

能力拓展

分小组拍摄搞笑类短视频。在拍摄前完成脚本策划、分镜脚本的撰写。需要上网去观看更多搞笑类短视频内容,寻找拍摄灵感。

知识链接

1. 搞笑类抖音号怎么变现:可扫描二维码,学习相关文案。
2. 搞笑类内容新模型跃出:可扫描二维码,学习相关文案。

知识链接

▶ 任务6　技术流短视频拍摄

学习目标

1. 了解技术流短视频观看人群定位。
2. 掌握技术流短视频脚本设计的思路。
3. 掌握技术流短视频的拍摄技巧。

任务描述

在短视频行业蓬勃发展的今天,各类短视频层出不穷,让人眼花缭乱。其中,难度最高、效果最炫酷的当以技术流为主了。为了快速掌握技术流的拍摄方法,现需要你独立制作一部技术流短视频作品,通过本任务的学习,要求掌握技术流短视频的脚本创作以及拍摄技巧,深刻理解技术流短视频的创作流程。

3-29

任务分析

技术流凭借着流畅的视频剪辑、炫酷的背景音乐以及创新的题材,迅速从众多短视频流量中脱颖而出。炫目的视觉效果让用户忍不住反复观看,热度居高不下,以至于在各大短视频平台刮起一阵技术流模仿秀,成为各短视频平台的热播内容,拥有无限的发展潜力。

在技术流短视频拍摄中,最重要的是前期的构思与策划。策划各个镜头的拍摄内容,便于后期画面的展现,其中镜头和拍摄手法十分重要。

任务准备

1. 网络环境稳定的机房或者移动设备。
2. 拍摄器材与道具 智能手机、手机固定器、红包、现金、扑克牌等。

任务实施

一、技术流短视频的脚本设计

1. 脚本策划

(1)视频时长 抖音上技术流短视频用户中,观看时长在 1 min 以内的用户量近 90%,而超过半小时的几乎为 0。人们更偏好短时高强度的视觉刺激。而长时间高强度视觉刺激下,会迅速产生疲惫、厌倦感,丧失观看的欲望。当技术流短视频播放时长为 1 min 之内时,视觉刺激强度最合适,也最能获得大量观众,如图 3-6-1 所示。

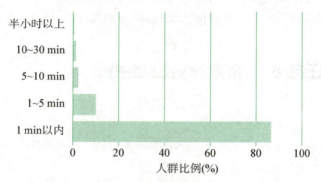

图 3-6-1 2020 年技术流短视频观看时长

(2)基本内容 本任务控制在 1 min 以内,快速展示,节奏紧凑,保障每个镜头的衔接过渡完整,富有趣味性。短时间内让用户聚焦在视频内容上,提升观众对视频的留存度。选择节奏感较为强烈的背景音乐,与画面节奏相匹配,视频完整性更高。

技术流短视频的前期构思最为重要。如果前期没有清晰的构思,后期剪辑的素材无法合理衔接,需要耗费大量时间补拍,甚至重新制作。所以,在脚本策划中应认真整理拍摄的基本思路,减少后期工作。脚本涵盖的基本内容包括发布标题、运镜、音乐等。

(3)拍摄方式 受日本的影响,也由于日常学习、工作任务繁重,很多人空闲时间一般宅在家中。本任务选择以宅在家中为主题，通过红包、现金、扑克牌之间的镜头衔接，表现技术流炫酷的视觉，用话题与画面引起观众共鸣，加强观看体验。

与其他短视频不同，技术流短视频的画面策划集中展现在分镜脚本里，在脚本策划中较少体现。本任务基本脚本策划见表3-6-1。

表3-6-1 技术流短视频拍摄前的脚本策划

主题	技术流无缝衔接转场
发布标题	宅家一天也要为自己找个乐趣
参加话题	"宅家拍大片"技术流
拍摄时长	15 s左右
拍摄方式	定点拍摄
拍摄地点	居家拍摄
拍摄器材	手机
拍摄道具	手机固定器、红包、现金、扑克牌等
灯光	自然灯光
拍摄景别	全景
背景音乐	选用"What Makes You Beautiful"节奏感强的音乐

2. 分镜策划

将脚本策划进一步细化，拆分为更详细的分镜脚本，设计画面分镜，便于后期拍摄与剪辑。技术流短视频拍摄的分镜脚本策划见表3-6-2。

表3-6-2 分镜脚本策划

镜号	景别	拍摄方向	运镜	拍摄内容	时间(s)
1	近景	正面	定点拍摄	手拿红包，随后抖动手中的红包，暂停	4
2	近景	正面	定点拍摄	保持机位不变，在抖动红包同一位置更换道具，变为手持两张100元现金，继续拍摄，完成红包瞬间变为现金的效果。录制手拿现金并抖动现金，将现金按向桌面，用手盖住现金，暂停	3
3	近景	正面	定点拍摄	保持机位不变，将现金取出更换为一张扑克牌，拍摄，完成现金瞬间变为扑克的效果。拿起扑克牌，展示扑克牌正面数字，随后翻转扑克牌至背面朝向镜头，暂停	8
4	近景	正面	定点拍摄	保持机位不变，换上另外一组牌，继续拍摄，向镜头展示已经更换的扑克牌，达到瞬间换牌效果，暂停	2

续　表

镜号	景别	拍摄方向	运镜	拍摄内容	时间(s)
5	近景	正面	定点拍摄	保持机位不变,把扑克牌盖到桌上,暂停	3
6	近景	正面	定点拍摄	保持机位不变,将单张扑克牌更换为整副扑克牌,继续拍摄	3
6	近景	正面	定点拍摄	保持机位不变,从整副扑克牌中抽出3张,向镜头展示,轻轻甩动,暂停	2
7	近景	正面	定点拍摄	保持机位不变,将手中扑克牌更换为另外3张牌,继续拍摄,完成瞬间换牌的拍摄效果	2

本任务分镜策划涉及的知识点包括定点拍摄、近景。拍摄时需要注意,机位不能移动,切换画面后手部位置要与前一镜头手部位置一致,才能流畅衔接,达到自然的视频效果。

二、技术流短视频的拍摄

1. 器材使用

技术流短视频对器材要求并不高,主要依靠后期剪辑与特效处理。只要能保证画质清晰,智能手机就可以完成拍摄,如华为、iPhone、小米、三星、OPPO、VIVO等。所以本任务使用华为Mate30 Pro拍摄。

华为Mate30 Pro内置巴龙5 000芯片,支持5G网络。配备徕卡认证4 000万＋4 000万＋800万＋TOF摄像头模组,独立双核NPU神经元的驱动。当相机切换到录像模式时,即电影模式,相机会自动切换到4 000万像素超广角电影摄像头。此时相机界面右侧的变焦倍数显示为广角,视野更大,超级夜景2.0进一步优化。

2. 参数设置

参数设置见表3-6-3,"相机"→"更多"→选择设置"分辨率"。把视频帧率设置为60 fps,帧率增加后,视频会更加流畅,降低因运动产生的模糊现象,如图3-6-2所示。

表3-6-3　参数设置

闪光灯	自动曝光 AE-L	拍摄模式	清晰度	帧频
关闭	锁定	定点拍摄	10 MP	60 fps

拍摄时可以点击画面任意区域聚焦,上下移动亮度滑条调整画面亮度,达到适合的拍摄亮度效果。

3. 道具准备

道具包括手机、手机固定器、红包、现金、扑克牌。

拍摄采用活动定点第一视角机位,需要手机固定器稳定镜头。使用固定设备可以避免

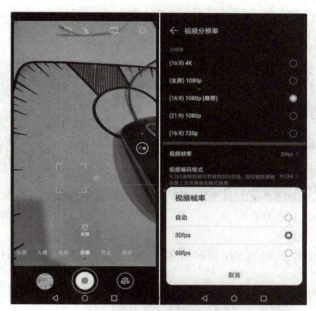

图 3-6-2 视频分辨率

手持拍摄造成的画面抖动,还能调整拍摄高度和角度,如图 3-6-3 所示。

4. 拍摄

步骤 1:将手机固定在固定器上,打开手机摄像模式,定点拍摄。按照脚本拍摄手拿红包的镜头,如图 3-6-4 所示。

步骤 2:晃动红包,拍好后马上暂停,换成现金,在相同位置晃动,衔接上一段视频,如图 3-6-5 所示。

图 3-6-3 手机固定器

图 3-6-4 手持红包

图 3-6-5 手持现金

步骤 3:甩出现金,将现金按在桌子上,暂停拍摄。换成扑克牌,衔接上一段镜头继续拍摄,如图 3-6-6 所示。

步骤4：抽出扑克牌，翻转，翻转到扑克牌反面时暂停拍摄，换为不同的扑克牌，衔接继续拍摄，如图3-6-7所示。

图3-6-6 按住扑克牌

图3-6-7 手持单张扑克牌

步骤5：把扑克牌压向桌面，暂停拍摄。用一叠扑克牌替换，衔接后继续拍摄，如图3-6-8所示。

图3-6-8 按住一副扑克牌

步骤6：抽出3张扑克牌，向一叠扑克牌上按压后暂停拍摄，换上其他数字的扑克牌，衔接，继续拍摄，如图3-6-9、图3-6-10所示。

图3-6-9 展现变换前3张扑克牌

图3-6-10 展现变换后3张扑克牌

任务评价

请根据表3-6-4任务内容进行自检。

项目三　短视频拍摄

表 3-6-4　技术流短视频脚本策划评价表

序号	鉴定评分点	分值	评分
1	能根据本任务的策划思路策划一份与本任务呈现内容不一样的脚本	30	
2	能根据上面的脚本撰写一份分镜策划	20	
3	能根据设计好的脚本拍摄短视频	20	
4	脚本设置合理、可执行；视频画质清晰、构图合理，能够流畅地完成各镜头之间的衔接与剪辑	30	

能力拓展

分小组，为图 3-6-11 所示的饮料拍摄技术流视频，画面效果为可口可乐切换为雪碧，雪碧切换为芬达，芬达切换为百事可乐，百事可乐切换为果粒橙。拍摄前撰写脚本策划、分镜脚本。要求镜头间的转换流畅自然，无物品错位现象。

图 3-6-11　技术流——饮料

知识链接

1. 抖音技术流是怎么拍视频的：可扫描二维码，学习相关文案。
2. 4 招带你认识抖音技术流：可扫描二维码，学习相关文案。

知识链接

模块二 新媒体短视频制作

项目四 短视频剪辑与后期处理

对于一名新媒体工作者,在当今短视频红利阶段,掌握视频工具无疑是重中之重。近年来,短视频行业不断发展,新媒体从业者不仅需要了解 PC 端和手机端的视频制作工具,还应熟练掌握几款软件的运用,以及视频的后期处理技巧和编辑流程。

本项目学习使用 Pr 专业剪辑软件剪辑短视频,以及各种不同手机剪辑软件的使用。

电商 新媒体应用

任务1　用 Pr 软件剪辑短视频

学习目标

1. 掌握 Pr 剪辑软件。
2. 掌握胶片感老电影效果视频的剪辑技巧。
3. 掌握鬼畜类短视频的剪辑技巧。

任务描述

视频拍摄后基本上都需要剪辑处理,使其形成完整的片段,包括分割、合并、添加特效、音乐、文字、转场效果等。现在需要你运用 Pr 这一专业剪辑软件以及视频剪辑的技巧,分别剪辑一段 8 mm 胶片感老电影放映机效果和鬼畜类短视频。

任务分析

掌握基本的剪辑技能,还要加上自己的思想,完全可以创作出效果不错的视频。剪辑师从拿到素材开始,就要深刻理解内容,思考怎么组合排列比较合适,哪些片段适合什么转场、什么特效,这都需要剪辑前详细地构思与整理。

任务准备

1. 确保能流畅运行 Pr 软件的电脑。
2. 提前下载安装好 Pr 软件,并熟悉其界面。
3. 从课程素材库中下载所需要的素材。

任务实施

一、8 mm 胶片感老电影放映机效果的剪辑

1. 剪辑工具

8 mm 胶片感老电影放映机效果的视频剪辑处理需要用到嵌套、不透明度以及视频效果工具。

(1) 嵌套　在 Adobe Premiere 软件中,嵌套是一种将较大文件预览替换成小文件的虚拟技术。当文件素材较大时,嵌套功能就非常重要了。在制作预览时,软件的运行速度更加流畅,不会因文件过大造成卡顿或软件崩溃。使用嵌套功能,在渲染时不会导致分辨率降低,仍然以源文件为素材,这是 Adobe Premiere 中较为智能的加速方案。

步骤1:打开 Adobe Premiere 软件,导入视频素材,如图 4-1-1、图 4-1-2 所示。

项目四　短视频剪辑与后期处理

图 4-1-1　Pr 软件界面

步骤 2：选中视频片段拖拽至操作台中，鼠标右键点击"嵌套"，确定即可。完成嵌套后，操作台中的视频素材变为绿色，在项目区生成一个嵌套项目，如图 4-1-3～图 4-1-5 所示。

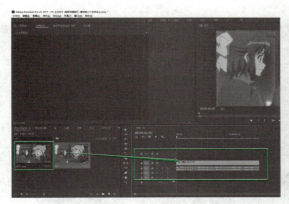

图 4-1-2　拖拽视频素材

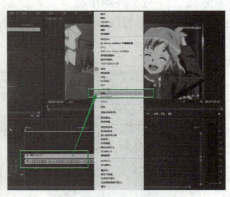

图 4-1-3　嵌套工具

图 4-1-4　确定嵌套

图 4-1-5 完成嵌套

（2）效果面板　效果面板是 Adobe Premiere 操作中常用的面板界面。

① 键控类视频效果：轨道遮罩键。轨道遮罩键相当于剪切蒙版，不同之处在于，轨道遮罩键可以应用于视频，也能调整颜色效果。在本任务中，主要用于调整视频颜色，让画面整体效果更加协调。具体添加步骤如下。

步骤1：在项目区点击"右键"，出现选项框，选择"新建项目"→"颜色遮罩"，点击【确定】，如图 4-1-6、图 4-1-7 所示。

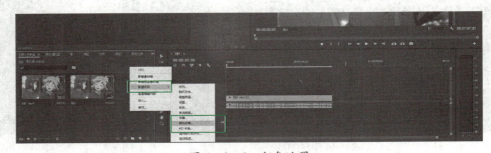

图 4-1-6 颜色遮罩

图 4-1-7 新建颜色遮罩

步骤2：选择遮罩颜色，本任务将使用黑色遮罩，点击【确定】，修改遮罩名字，确定即可，如图4-1-8所示。

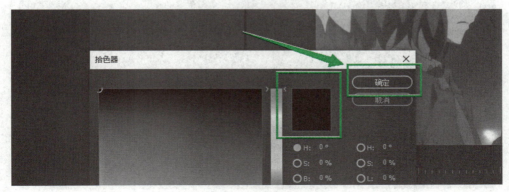

图4-1-8 黑色

② 键控类视频效果：亮度键。亮度键用于调整亮度。在处理视频过程中，还可以使用亮度键制作简单的转场效果。这种方法省去了下载、安装Pr插件的时间，丰富了镜头效果，是非常简单有效的视频处理手法。具体添加步骤如下。

步骤1：找到项目右侧的效果模块，在搜索区搜索"亮度键"。也可以从上方导航栏"窗口"中，找到"效果"，勾选"开启"即可，如图4-1-9、图4-1-10所示。

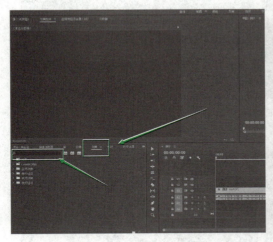

图4-1-9 效果控件模块1

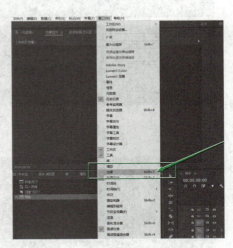

图4-1-10 效果控件模块2

步骤2：搜索到"亮度键"后，直接拖拽进工作台的视频中即可完成添加。在效果控件模块中，可以调整亮度键的阈值和屏蔽度，也可以增加蒙版等。屏蔽度不变时，阈值越低，亮度越高，最高为100%（未调整状态）；阈值不变时，屏蔽度越高，屏蔽的暗部画面越多，具体展现如图4-1-11～图4-1-13所示。

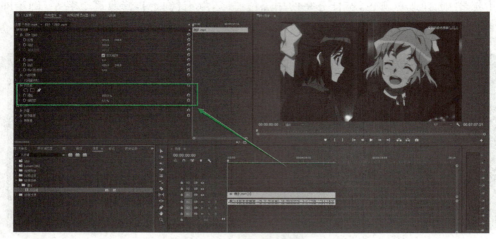

图 4-1-11 亮度键

图 4-1-12 降低阈值后画面亮度提高

图 4-1-13 提高屏蔽度后较暗的部分被屏蔽

③ 颜色校正：Lumetri Color。为了达到理想的画面效果，也可以使用"颜色校正"调整视频色彩与明度效果。与"轨道遮罩键"和"亮度键"不同的是，"颜色校正"专用于更为精细化的视频效果校正，可以通过"嵌套"应用于多个剪辑。

"颜色校正"中有多种效果模式，Lumetri Color 就是常用的一种颜色校正效果，可以使用这一功能调整视频中各个色彩曲线。具体添加步骤如下。

步骤1：在效果控件模块直接搜索"Lumetri Color"，将效果拖拽至工作台视频上，如图4-1-14所示。

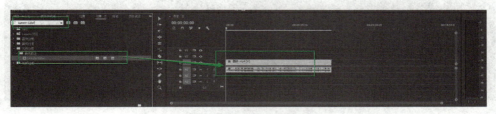

图 4-1-14　搜索 Lumetri Color

步骤2：在效果控件面板即可查看到 Lumetri Color 包含的功能，如图 4-1-15 所示。

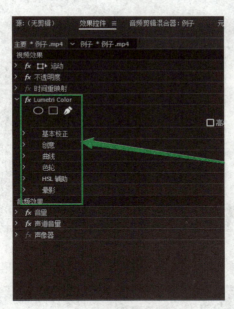

图 4-1-15　Lumetri Color 的功能

（3）不透明度：混合模式　不透明度常用来调整两个画面的叠加效果，让画面过渡更加自然。调整上层画面透明度的具体操作步骤如下。

步骤1：将新增的图片或视频拖拽至工作台原有的视频上方，如图 4-1-16 所示。

步骤2：自动生成不透明度效果，在效果控件中可查看。可以调整其混合模式，如图4-1-17所示。混合模式部分效果如图 4-1-18～图 4-1-23 所示。

图 4-1-16 添加素材

图 4-1-17 不透明度：混合模式

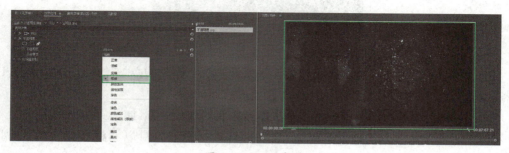

图 4-1-18 相乘

项目四 短视频剪辑与后期处理

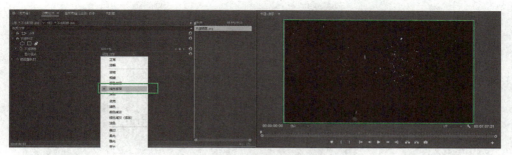

图 4-1-19 线性加深

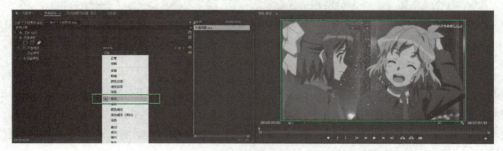

图 4-1-20 变亮

图 4-1-21 柔光

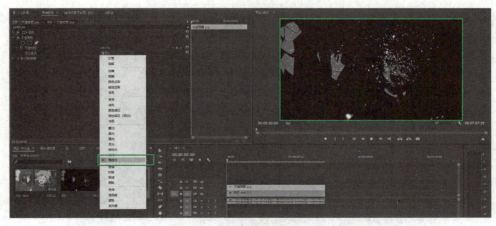

图 4-1-22 强混合

4-9

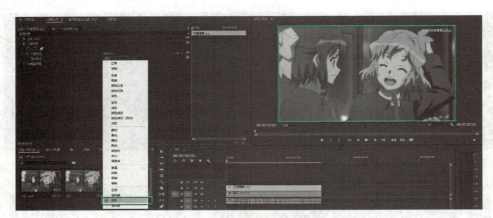

图 4-1-23 颜色

2. 剪辑

胶片感这一词汇是随着数码相机、手机被广泛应用后而产生的,泛指略带复古色彩的画面效果。胶片感的特点是高反差鲜艳的颜色,或黑白或橙红色调的画面颜色,颗粒感较重,画面篇幅多为3∶2,对画面清晰度要求不高。事实上,画面相对模糊时所产生的效果更接近复古胶片放映的效果,如图4-1-24所示。

图 4-1-24 胶片拍摄影视截图

(1)新建项目　打开 Adobe Premiere。新建项目,如图4-1-25所示。然后命名,修改

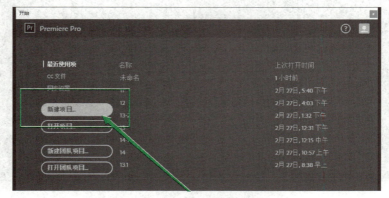

图 4-1-25 新建项目

项目四 短视频剪辑与后期处理

保存路径,点击【确定】,完成创建,如图 4-1-26 所示。

(2)导入素材　选择"文件"中的"导入"选项,打开导入框,如图 4-1-27 所示。框选需要导入的文件素材,点击【打开】,如图 4-1-28 所示。弹出导入进度框,稍等片刻即可完成导入,在项目栏中可以查看到已经导入的文件,如图 4-1-29 所示。

图 4-1-26　完成创建

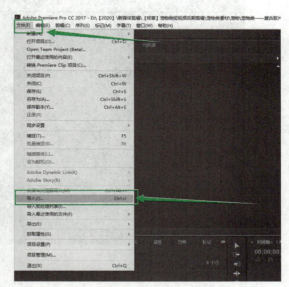

图 4-1-27　导入

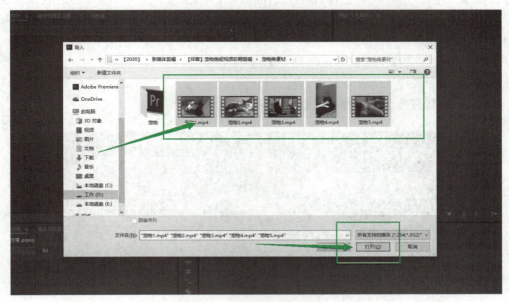

图 4-1-28　选择文件

4-11

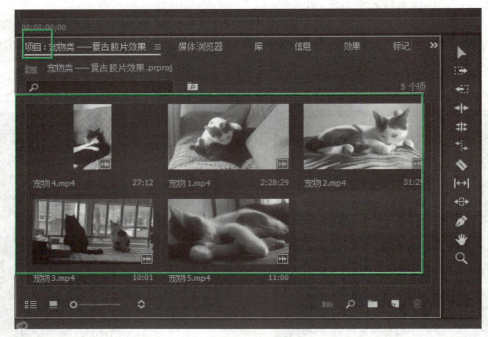

图4-1-29 完成导入

（3）制作复古效果

① 添加音乐。网上寻找复古感浓厚的背景音乐，衬托主题，本任务使用《maria bona》作为背景音乐。这是电影《阿飞正传》的插曲，具有浓厚的黑胶气息，与胶片感的效果完美配合。可以在网易云、QQ音乐、酷狗音乐等各大音乐平台中下载。下载音乐后，添加至Pr软件中，具体步骤如下。

步骤1：选择"文件"中的"导入"，打开文件导入界面。

步骤2：选择要导入的音乐文件，点击"打开"。

步骤3：将其拖拽至工作台完成添加，如图4-1-30所示。

图4-1-30 拖拽至工作区

② 视频镜头剪辑。将所有视频片段拖拽至工作区，按照镜头需要剪辑。具体操作如下。

步骤1：将所有视频片段拖拽至工作区，如图4-1-31所示。

图4-1-31 添加素材

步骤2：调整素材画面大小，适配到整个画面。在"效果控件模块"中找到缩放功能，修改数值，调整画面，如图4-1-32、图4-1-33所示。

图4-1-32 修改前

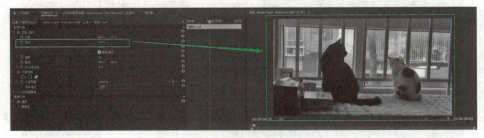

图4-1-33 修改后

步骤3：使用剃刀工具剪切不需要的视频内容，让画面简洁自然，如图4-1-34所示。

步骤4：选中全部视频，选择"取消链接"，取消视频与原音频的链接，删除原视频背景声音，仅播放增加的背景音乐，如图4-1-35、图4-1-36所示。

③ 视频镜头过渡。为每段视频添加"亮度键"，可通过工作台下方的滑块拉伸工作台视频区域，便于调整，如图4-1-37所示。具体操作如下。

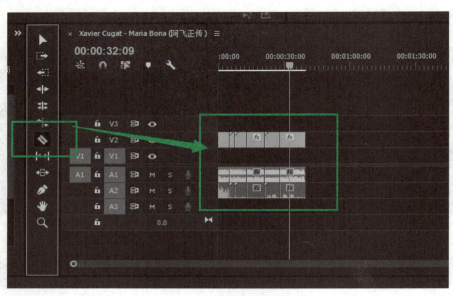

图 4-1-34 剪切画面

图 4-1-35 取消链接

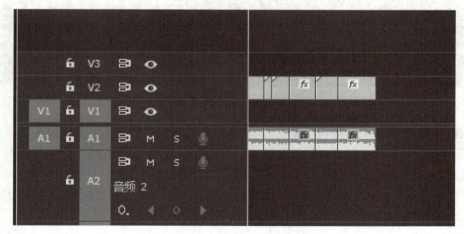

图 4-1-36 删除原视频背景声音

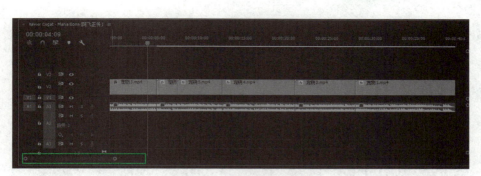

图 4-1-37 调整滑块

步骤 1：为每段视频添加"亮度键"功能，如图 4-1-38 所示。

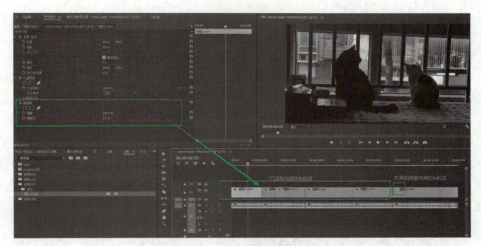

图 4-1-38 添加亮度键

步骤 2：将素材错位摆放，一层层叠加，要保持部分视频可以叠加。具体效果如图 4-1-39 所示。

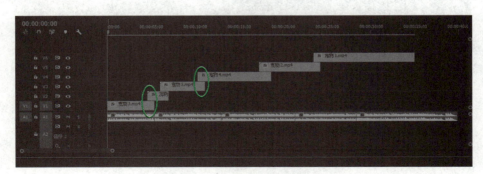

图 4-1-39 调整素材

步骤 3：将鼠标和定位线移动至第二段视频素材的开头，点开第一段视频素材阈值和屏蔽度的"关键帧"，如图 4-1-40 所示。

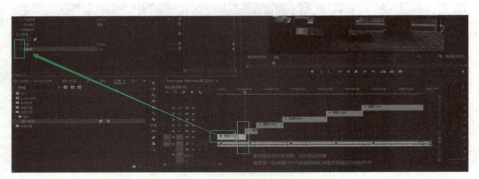

图 4-1-40 点开关键帧

步骤4：将4"亮度键"的阈值和屏蔽度全部调整为0，如图4-1-41所示。

图 4-1-41 调整数值为 0

步骤5：将定位线移动到第一段视频素材的结尾部分，将第一段视频素材的阈值和屏蔽度调整为100%，如图4-1-42所示。简单地应用"亮度键"来制作的转场效果就做好了，其他视频片段以同样方法调整即可。

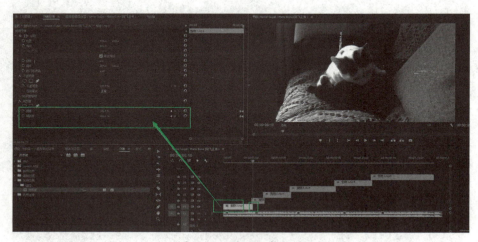

图 4-1-42 调整数值

④ 视频调色。将所有视频统一为一个色调，可以让画面看起来更加舒适。在使用Lumetri Color调整，具体操作步骤如下。

步骤1：为每个视频片段添加 Lumetri Color 效果，找到"曲线"，如图4-1-43所示。

项目四 短视频剪辑与后期处理

图 4-1-43

步骤2：打开"曲线"，下拉找到"色相饱和度"，将红色以外的其他颜色饱和度都调低，让画面色彩统一为灰调，仅保留红色画面，产生复古效果。其他视频片段用同样的手法调色，如图 4-1-44 所示。

图 4-1-44 调色

步骤3：在项目区右键新建"颜色遮罩"，选择颜色为橘红色，如图 4-1-45、图 4-1-46 所示。

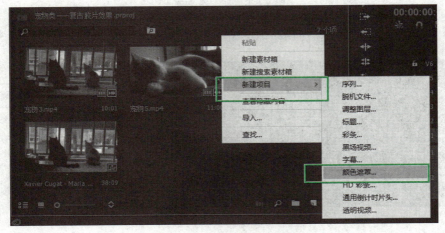

图 4-1-45 新建颜色遮罩

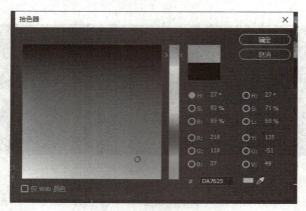

图 4-1-46 调整颜色

步骤 4：将其拖拽至所有视频片段上方，选择"不透明度"，混色模式为"相乘"，降低透明度为 30%。

⑤ 添加复古胶片效果。

步骤 1：本任务使用的复古胶片素材来源于 bilibili 的 up 主"一期一会_treasure"，将素材添加到工作区，拉伸至整个视频区域并将其缩放至合适大小。由于视频素材无法拖拽，可以将其多次添加工作区，排满整个时间区域，如图 4-1-47 所示。

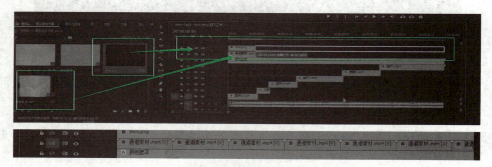

图 4-1-47 添加素材

步骤 2：选中全部通道素材，右键使用"嵌套"功能，将素材打包处理，如图 4-1-48 所示。

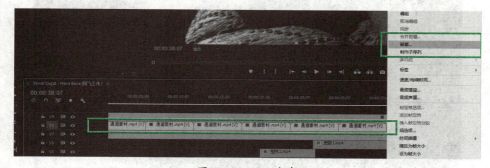

图 4-1-48 嵌套

步骤3：点击【确定】，即可完成嵌套，这有助于快速完成添加视频后期效果，如图4-1-49所示。

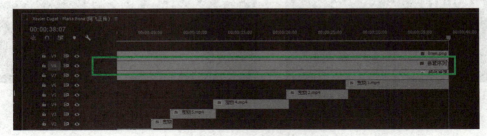

图4-1-49 嵌套

步骤4：此时可以发现，嵌套的通道素材将下面的视频遮挡住了。选择"嵌套图层"，调整不透明度混合模式为"相乘"。到此画面已经具有了胶片效果，如图4-1-50、图4-1-51所示。

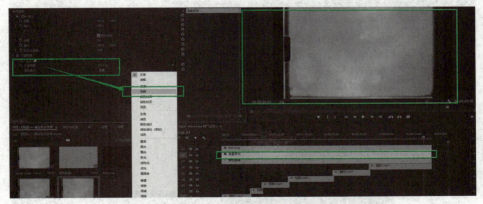

图4-1-50 调整通道素材混合模式

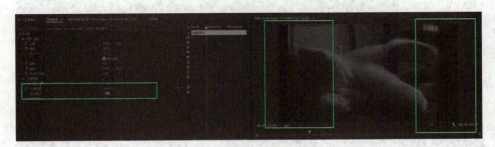

图4-1-51 完成效果

步骤5：将8 mm边框调整到合适位置，移动通道素材，将胶片口露出画面，完成8 mm胶片感老电影效果制作，如图4-1-52～图4-1-54所示。

图4-1-52　调整8 mm边框

图4-1-53　通道素材移动前

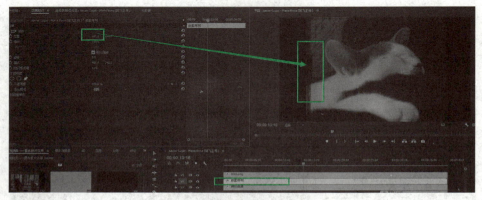

图4-1-54　完成8 mm胶片感老电影效果制作

⑥ 导出视频文件。

步骤1：选择"文件"的"导出"功能，点击导出"媒体"，如图4-1-55所示。

图4-1-55　导出媒体

步骤 2：修改保存路径，勾选"导出音频"与"导出视频"，点击【导出】，如图 4-1-56 所示。

步骤 3：等待一定时间即可完成导出，如图 4-1-57 所示。

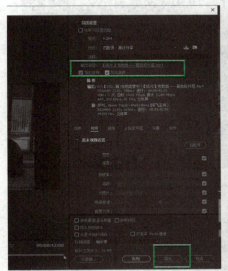 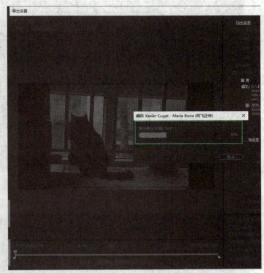

图 4-1-56　导出　　　　　　　　图 4-1-57　完成导出

⑦ 打包素材文件。将所有素材放置在一个文件夹内，转换为压缩包。这样后期移动视频文件时，不会因素材丢失而导致工程文件无法再次调整。

二、鬼畜类短视频的剪辑

对于十分依赖剪辑的鬼畜类短视频来说，Premiere Pro 软件是必不可少的视频编辑工具。可以提升我们自身的创作能力，具有高度的自由创作空间，也提供了采集、剪辑、调色、美化音频、字幕添加、输出、DVD 刻录等一整套流程，是剪辑鬼畜类短视频的常用工具。具体操作如下。

步骤 1：打开 Premiere Pro，点击"新建项目"。设置保存位置与文件名称，点击【确定】。

步骤 2：点击"文件"→"导入"，选择录制好的视频文件、音频素材、头像图片，导入到 Premiere Pro。

步骤 3：将视频文件拖拽到左下角工作台，准备剪辑，如图 4-1-58 所示。

步骤 4：鼠标右键点击素材视频条，点击"取消编组"，删除原视频背景音乐，加入收集好的语音素材，如图 4-1-59 所示。

步骤 5：根据脚本调整视频，调整音频与画面对齐，让视频播放更自然，如图 4-1-60、图 4-1-61 所示。

步骤 6：给人物头部贴图，每个片段出现的主角人物使用事先收集的图片替换，如图 4-1-62 所示。

图 4-1-58 将文件拖拽至工作台

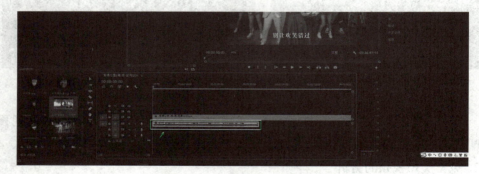

图 4-1-59 加入收集好的语音素材

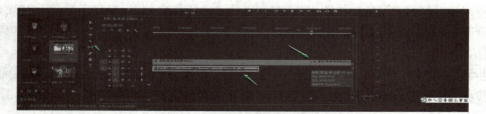

图 4-1-60 移动视频素材条

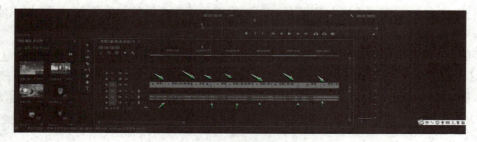

图 4-1-61 调整视频素材条位置

图 4-1-62　添加事先收集的头像贴图

步骤7：点击"效果控件"中"位置"、"缩放"前面的"时钟图标"，开启"关键帧"，根据镜头移动，调整图片大小与位置，如图4-1-63所示。

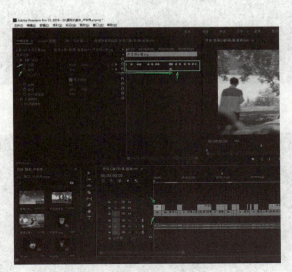

图 4-1-63　调整头像贴图位置

步骤8：由于录制的视频含有原剧情字幕，与加入的声音素材不匹配，因此将原字幕添加"高斯模糊"，进行打码处理。在"视频效果"中找到"高斯模糊"，拖动，设置模糊度100%，使用"蒙版"工具遮挡原视频字幕即可，如图4-1-64所示。

步骤9：添加音频素材的字幕，与画面匹配即可，如图4-1-65所示。

步骤10：导出格式设置为"H.264""匹配源-高比特率"，修改文件名，点击【导出】按钮，即可完成视频导出，如图4-1-66所示。

图 4-1-64 对原字幕添加"高斯模糊"

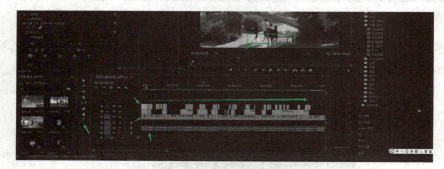

图 4-1-65 添加字幕

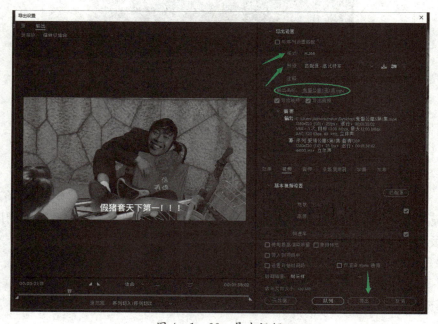

图 4-1-66 导出视频

项目四　短视频剪辑与后期处理

任务评价

请根据表 4-1-1 任务内容进行自检。

表 4-1-1　Pr 剪辑任务评价表

序号	鉴定评分点	分值	评分
1	能根据任务步骤独立完成短视频的剪辑	40	
2	能运用不同工具制作不同效果的视频	40	
3	剪辑后的视频画面流畅、有质感	20	

能力拓展

1. 扫描二维码,观看相关教程视频。
2. 从素材库中下载对应的素材,根据操作步骤剪辑视频。

知识链接

1. Pr 剪辑软件快速入门:可扫描二维码,学习相关文案。
2. 视频后期剪辑方法技巧:可扫描二维码,学习相关文案。

教程视频

知识链接

▶ 任务 2　用手机剪辑软件剪辑短视频

学习目标

1. 掌握 VN 剪辑软件的使用。
2. 掌握"快剪辑"软件的使用。
3. 掌握 Inshot 剪辑软件的使用。
4. 掌握剪映剪辑软件的使用。

任务描述

之前只能在电脑端处理视频,现在在移动端也能轻松实现。目前主流的 4 款手机剪辑软件是 VN、快剪辑、Inshot、剪映。剪辑功能很多,比如视频裁剪、视频分割、制作画中画视频等。现需要你运用这 4 款手机剪辑软件剪辑制作一个短视频,注意掌握这四款软件的使用技巧。

电商新媒体应用

任务分析

手机剪辑软件很多,功能强大,各有优缺点。有的注重特效,有的注重画质,还有的可以兼容多个平台,但一些较高级的功能则需要付费。有些软件虽然操作不便,但可以直接提取视频中的音乐。因此,在实际剪辑过程中,一定要先清楚剪辑需求,然后根据需求选择合适的软件。

任务准备

1. 确保移动设备(手机/平板)能流畅运行各种剪辑软件。
2. 提前下载安装各种剪辑软件,并熟悉其界面。
3. 从素材库中下载素材。

任务实施

一、VN 视频剪辑

VN 是一款当下热门的视频剪辑 APP,可以轻松剪辑制作各类视频,拥有各种特效和滤镜,是一款容易上手的手机剪辑 APP。

VN 操作门槛低,功能强大,新人和高手都能流畅使用。因其上手极快、功能强,用户亲切地称为手机版的 Premiere。具体操作如下。

步骤1:打开 VN。

步骤2:将拍摄的视频文件导入 VN,准备下一步操作,如图 4-2-1 所示。

图 4-2-1　导入文件

步骤3：对视频文件用"剪切"按钮进行剪辑，如图4-2-2所示。

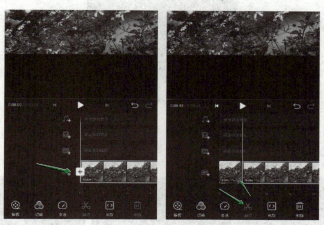

图4-2-2 剪切

步骤4：删除多余的内容，只留下需要的画面，如图4-2-3所示。

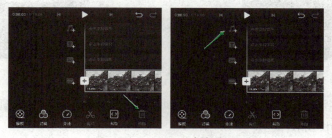

图4-2-3 删除多余视频

步骤5：从热门视频上寻找合适的热门音乐视频并保存，如图4-2-4所示。

图4-2-4 保存音乐视频素材

步骤6：导入VN，提取上述素材的音频，如图4-2-5所示。

图4-2-5 提取音频

步骤7：为配音添加字幕，调整字体和大小，如图4-2-6所示。

图4-2-6 添加字幕

步骤8：将文字与声音位置匹配，调整后即可导出。调整分辨率与帧频，本任务选用分辨率1 080 p、60 pdf，如图4-2-7所示。

图4-2-7 调整分辨率与帧频

二、"快剪辑"视频剪辑

"快剪辑"是国内首款免费在线视频剪辑软件,其界面明了,操作简单,难度低,拥有编辑画面特效、字母特效、声音特效等功能,可以快速制作创意视频,提高了视频的制作效率。软件右上方的功能编辑区还有编辑音乐、音效、字幕、转场、滤镜等功能,可以轻松制作日常的 Vlog 短视频和自媒体短视频。具体操作如下。

步骤 1:打开"快剪辑"。

步骤 2:点击"剪辑",导入已拍摄的视频,格式调整为短视频平台发布的统一格式,如图 4-2-8 所示。

图 4-2-8 剪辑视频

步骤 3:导入背景音乐。在平时观看热门短视频时将喜欢的音乐保存到手机,通过快剪辑的"视频提取"把音乐提取出来,然后跟着音乐的节奏剪辑调整画面,如图 4-2-9 所示。

步骤 4:在视频的各个片段,通过剪切标记,添加脚本所设计的动态特效,加深画面饱和度,使画面层次更加饱满、画面效果更加酷炫,如图 4-2-10、图 4-2-11 所示。

步骤 5:视频剪辑特效都完成后,直接点击【下一步】。去水印点击"生成",把画质调整为高清 720×1 280,确定生成即可,如图 4-2-12 所示。

图 4-2-9 添加背景音乐

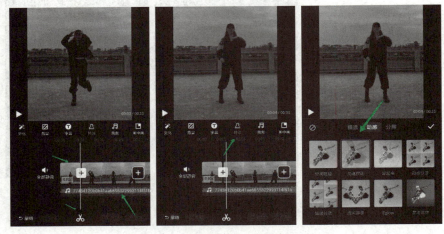

图 4-2-10 添加动态特效 1

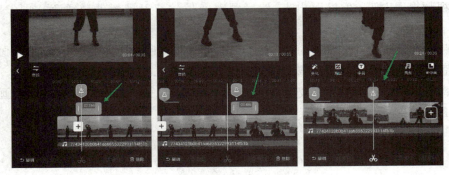

图 4-2-11 添加动态特效 2

项目四　短视频剪辑与后期处理

图 4-2-12　生成视频

三、Inshot 视频剪辑

Inshot 界面清爽直观,能很快上手,而且剪切、调整画布大小、滤镜、转场、加字幕、加贴纸、加滤镜、加背景音乐等功能一应俱全,完全满足日常剪辑需求,同时自带各种萌萌的贴纸和滤镜,如果付费还能解锁更多素材。

步骤 1:打开 Inshot 视频剪辑软件。新建工程文件,点击"视频",选择拍摄好的视频,选择"音乐"添加音效,如图 4-2-13 所示。

图 4-2-13　导入视频

4-31

步骤2:点击进入音乐选项后,找到保存好的音效和音乐,拖放到宠物视频的每个动作里,形成音效互动,如图4-2-14所示。

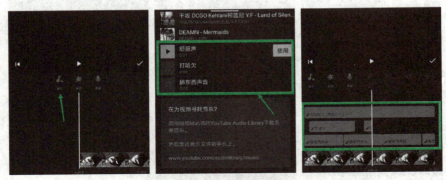

图4-2-14 添加音乐音效

步骤3:音乐音效完成后,点击文本开始添加字幕。可以更改字幕样式,让画面更加生动;调整字幕出现的时间,对应视频中猫所有动作的片段,用拟人的语气编辑文本,如图4-2-15所示。

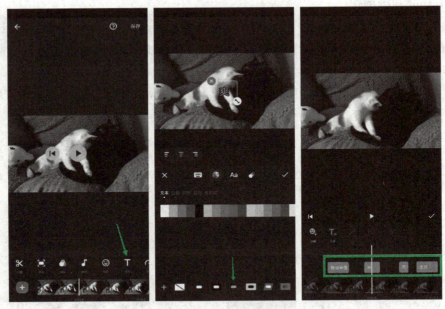

图4-2-15 添加字幕

步骤4:点击"滤镜"选择适合短视频的滤镜效果,让画面更加饱满,最后点击【保存】,导出成片,如图4-2-16所示。

项目四　短视频剪辑与后期处理

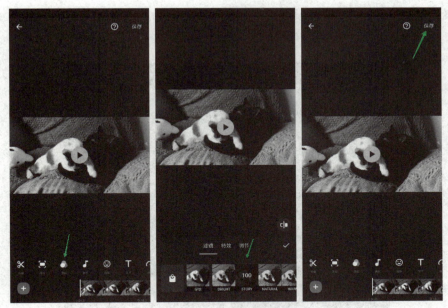

图 4-2-16　添加滤镜

四、"剪映"视频剪辑

"剪映"是抖音官方推出的一款手机视频编辑剪辑软件，带有全面的剪辑功能，是一款轻而易剪的视频编辑工具。能够轻松对视频进行各种编辑，包括卡点、去水印、特效制作、倒放、变速等，还有专业风格滤镜，支持变速以及丰富的曲库资源。

步骤1：打开"剪映"APP，点击"开始创作"，导入已拍摄好的素材，如图4-2-17所示。

图 4-2-17　添加素材

4-33

步骤2：剪辑视频，把多余片段剪切或删除，注意剪辑后的画面衔接应流畅，如图4-2-18所示。

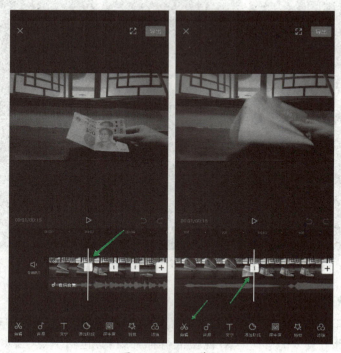

图4-2-18 剪辑

步骤3：添加节奏感强的背景音乐和滤镜，完成调整后点击右上角【导出】按钮，导出视频，如图4-2-19所示。

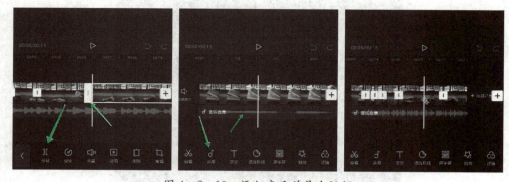

图4-2-19 添加音乐并导出视频

任务评价

请根据表4-2-1任务内容进行自检。

表 4-2-1 手机剪辑任务评价表

序号	鉴定评分点	分值	评分
1	能独立使用 VN 剪辑视频	20	
2	能独立使用"快剪辑"剪辑视频	20	
3	能独立使用 Inshot 剪辑视频	20	
4	能独立使用"剪映"剪辑视频	20	
5	剪辑后的视频流畅舒适,技巧运用得当	20	

能力拓展

根据实际情况,从指定的文案主题中(如开学季、旅游、美食、娱乐、体育等)选择一个主题,拍摄或搜集相关素材。然后,下载其中一款软件(VN、快剪辑、剪映、Inshot),根据任务步骤进行实际操作,完成视频剪辑。

知识链接

1. 视频剪辑后期工作中的方法和技巧:可扫描二维码,学习相关文案。

2. 10 款好用的手机视频剪辑编辑软件合集:可扫描二维码,学习相关文案。

知识链接

模块三 新媒体平台运营

主流的新媒体领域包含新媒体文章与新媒体短视频，无论是哪类领域，想要获得良好的发布效果，都离不开合理的运营与推广。通过运营可以增加账号的竞争力，才能从大量同类内容中脱颖而出，获得大量关注。

本模块将从新媒体文章及新媒体短视频两个领域，选取较为热门的平台，例如，新媒体文章领域选取今日头条、简书、百家号、大鱼号等平台，新媒体短视频领域选取抖音、快手、哔哩哔哩、西瓜、美拍、微视等平台，采用理论结合实际操作步骤的方法，学习不同平台的注册方式、审核发布机制以及运营推广方式。

项目五　新媒体文章平台发布与运营

每一个新媒体运营者都希望自己的新媒体文章能够产生刷屏级别的流量，除了认真撰写文章内容，还需要掌握不同的运营方式，根据实际需求去运营已发布的文章内容。本项目将学习各大新媒体平台的注册和发布流程，了解新媒体平台的审核机制及推荐机制，通过运营获取用户关注。

本项目从4种主流新媒体平台入手，介绍平台上注册账号的流程，掌握文章发布流程与运营技巧。这4种新媒体平台为今日头条、简书、百家号、大鱼号。

任务1　今日头条平台发布与运营

> **学习目标**

> 1. 熟悉今日头条平台规则与注册流程。
> 2. 掌握今天头条作品发布流程。
> 3. 掌握今日头条运营技巧。

> **任务描述**

自从微信公众号出现后,自媒体迅速火爆起来,2013年被称为自媒体年。自媒体的流行,成就了大批优质内容创作者,众多企业纷纷入驻自媒体平台。在众多平台当中,又以民间资本研发的聚合类新闻APP——今日头条最具代表性。短短几年时间,今日头条成为了用户数量、流量最多的自媒体平台,成为业内领头羊。为增长粉丝数,现需要你制作两三篇图片文章或视频并在今日头条上发布。

> **任务分析**

在众多自媒体平台中,今日头条因其多样化的变现方式以及独特的推荐机制,在短短几年时间吸引了众多的用户和内容创作者。不管是多冷门的文章内容,今日头条总能给作者推荐精准的用户,因此今日头条成为了个人和企业运营自媒体的首选平台。

想要入驻今日头条号,需要熟悉今日头条号的审核机制及推荐机制,掌握今日头条账号的注册步骤以及内容发布的操作流程,还需要熟悉运营今日头条号的相关技巧。

> **任务准备**

1. 网络环境稳定的机房或者移动设备。
2. 准备未曾注册今日头条的手机号码。
3. 准备所要上传的文章或视频。

> **任务实施**

一、今日头条的账号注册

1. 平台介绍

(1) PC端介绍　如图5-1-1所示,今日头条在电脑端总共有21个类目,主要有推荐、阳光宽频、热点、图片、科技、军事、娱乐、游戏、体育、汽车、财经、搞笑等。其中,阳光宽频属于视频类,里面都是视频作品,没有文章。

项目五 新媒体文章平台发布与运营

图 5-1-1 今日头条 PC 端主页及类目

头条号有 3 个功能,分别是发布图文、发布视频、发布问答。可以编辑图文,也可以发布视频和提问,这 3 个功能分别借鉴了微博、火山小视频和知乎。从问答到微头条,从微头条到火山小视频,今日头条的确在不断丰富内容,也在不断尝试赋予内容以关系链;努力拓展内容边界,保持流量增长,并借助关系链,保证这种增长的稳定性。

（2）手机端介绍　如图 5-1-2 所示,手机端类目相对较多,总共有 49 个类目,主要有关

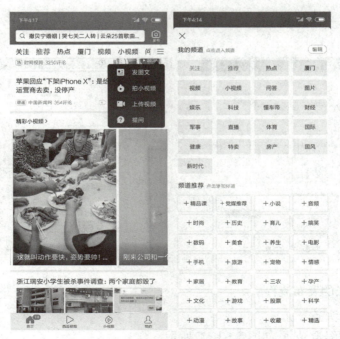

图 5-1-2 今日头条手机端主页及类目

注、推荐、热点、厦门、视频、小视频、问答、娱乐、科技、问答等。手机端的"厦门"类目其实是根据用户所在城市分类，主要记录厦门发生的新闻、事件，等等。用户可以添加喜欢的频道，也可以移除不喜欢的频道。相对于 PC 端，功能更便捷、更人性化，还多了拍小视频的功能。

2. 账号注册

登录头条号官网（https://mp.toutiao.com/login/），点击注册，选择个人模式，如图 5-1-3、图 5-1-4 所示。名称可以直接用名字或者行业相关的名称。账号介绍中填写账号的理想和定位等。头像可以选自己的照片，或者与行业相关的图片，一定要高清，使读者看了比较舒服，如图 5-1-5 所示。注册成功之后，就可以发布文章和视频了。补充完整账号相关信息，开始运营头条号，如图 5-1-6 所示。

图 5-1-3　头条号登录界面入口

图 5-1-4　头条号模式选择

图 5-1-5　头条号信息填写

图 5-1-6　头条号主页

二、今日头条的发布流程

步骤 1：登录头条号。

步骤 2：进入编辑界面，如图 5-1-7 所示。

项目五　新媒体文章平台发布与运营

图 5-1-7　进入编辑界面

步骤3：填写标题，如图 5-1-8 所示。
步骤4：填写正文，如图 5-1-9 所示。

图 5-1-8　填写标题

图 5-1-9　填写正文

步骤5：插入图片，如图 5-1-10、图 5-1-11 所示。

图 5-1-10　插入图片1

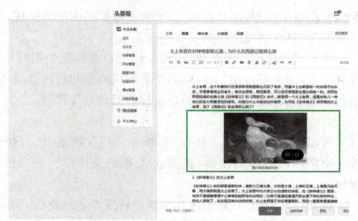

图 5-1-11　插入图片2

步骤6：设置封面图片后，点击下面的【发布】按钮即可发布文章，如图5-1-12所示。

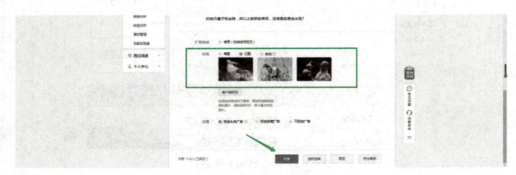

图5-1-12 发布文章

三、今日头条的运营方法

1. 文章内容与专业领域一致

今日头条是一款基于数据挖掘的推荐引擎，依托大数据分析用户兴趣，然后精准推荐内容。

在注册头条号时选择专业后，产出的文章内容越专业、准确，头条推荐越精准。虽然可以在多个板块（美食、旅游、搞笑等）发布内容，但如果文章内容不在选择领域内，会降低专业度评分，影响头条指数。

例如，"育学园"属于母婴领域，文章都是关于孕妇、宝妈、婴儿类的内容，几乎不发其他内容，其专业性很强。

2. 聚焦热点

社交媒体上，人们的注意力高度分散，而热点是共同关注的，天然具有带来注意力的磁性。无论是蹭热点，还是追热点，用热点做话题都是新媒体人的必修课。而且，热点源源不断，应该随时关注。关注度越高的话题，推荐越多。对热点话题，人们更容易本能地互动，文章也会获得某种形式的"提权"。平台会根据站内外的舆情，给带某些关键词的内容提权，可以理解为"热点话题能提高文章的权重"。

例如，"育学园"，通过热点新闻，让用户聚焦在他们的头条号上。利用国家药物监督管理局公告，向大家传达"求医用药不是解决问题的最好办法，求医解惑才是"；在孩子生病时，给与足够的关爱才是最重要的。这样间接地宣传自己。

3. 开展福利活动

可以适当给粉丝发一些福利，举办一些优惠活动、打折、送店铺代金券、免费赠送产品等。很多用户会帮助传播，提高头条号的关注度。适当投入成本是必要的，有付出才有回报。

例如，"育学园"在评论区和粉丝中转发育学园爱心捐赠活动，抽取50名幸运读者，每人送一套《育儿宝典》。这种活动比较有效，传播速度也很快。

4. 通过水印推广引流

在图片上做水印，例如微信公众号上带的水印。如果要宣传其他平台号，可以使用平台号的水印。读者在阅读文章时，就可以很直观地看到图片上的水印，达到宣传和引流的效果。

例如，"育学园"在图片上添加"微头条@崔玉涛育学园"水印，宣传自己的微头条。读者读完"育学园"文章，通过文章的水印就可以很直观了解这篇文章的出处，容易达到推广引流的效果，为"育学园"带来更多阅读量和粉丝。

为了保护头条号用户个人版权、方便用户添加水印，头条号后台支持直接一键添加图片水印。具体操作如下。

步骤1：打开今日头条平台页面，登录账号，进入头条号主页，如图5-1-13所示。

步骤2：点击"个人中心"，进入账号设置页码，如图5-1-14所示。

图 5-1-13　头条号主页

图 5-1-14　个人中心

步骤3：点击功能设置，选择添加水印，则右下角会显示头条水印信息，格式为："头条@账号名称"，选择不添加水印则不显示任何信息，如图5-1-15所示。

图 5-1-15　图片水印

5. 悟空问答法

这是一种回答问题的模式。比如百度知道、知乎等，一般都是先找问题，通过搜索关键词，如"电影"，可以搜索到许多关于电影的问题，还会链接许多其他相关信息。在问题下面提供解答，在答案中巧妙地加上微信公众号，或者相关信息的简介。值得注意的是，这些信息的形式最好不要像广告。

育学园是在文章的结尾处将读者引导到官网去，有兴趣的读者就会主动去官网了解更多育儿知识。而且下面还有育学园头条号，点进去可以链接到育学园头条号的主页，可以点击去直接关注，非常便捷，如图 5-1-16 所示。

悟空问答是今日头条推出的问答频道，专注于分享育儿知识、经验、观念。悟空问答功能位于头条号主页，具体操作步骤如下。

步骤 1：打开今日头条平台页面，登录账号，进入头条号主页，点击进入"发头条"。

步骤 2：如图 5-1-17 所示，点击"问答"，选择擅长领域的问题分类，点击进入回答。美食类的头条号可以搜索与美食相关的问题，比如美食、味道、饮食等。育学园是以育儿、孕产为主，选择育儿类。亦可点击添加问题分类，输入问题答疑。

图 5-1-16　育学园在悟空问答的回答

步骤 3：输入答案，点击【发表答案】，如图 5-1-18 所示。

图 5-1-17　问答

图 5-1-18　回答页面

用户在阅读答案时,展示在页面前端的是头条号的账号名称以及简介信息,点击即可进入主页。为了把用户引流到头条号主页,第一句话直接点出回答者是谁,并提醒用户关注,如图 5-1-19 所示。

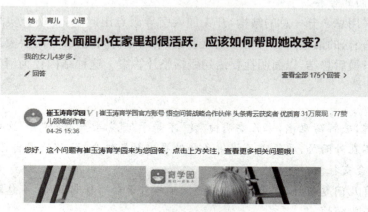

图 5-1-19　育学园的回答

以反问的形式阐述宝宝常见的不良状态,引发用户产生共鸣,然后开始解答:

宝宝在家里蛮横,什么都是得他说了算,常常对家里人大呼小叫,稍不顺心就乱发脾气,一副小霸王模样。可是一到外面就怂了,胆小畏缩,打个招呼都不愿意,见到陌生人藏在大人身后,更别提和别的小朋友一起做游戏了。家里一个样,外面一个样。不少妈妈对"窝里横外面怂"的宝宝,都感到很头疼,为啥宝宝会这样?

今天,小维就和大家说说如何搞定"窝里横"的宝宝。

点出孩子"窝里横外面怂"的原因,引导读者思考:

"窝里横外面怂"的原因

▲ 敏感的界限感

孩子天生有一种"界限感"和比较强的地域意识。

当处于自己熟悉的环境,比如家里,就会表现得放心随意,没有压力的做他想做的事情;一旦离开熟悉的环境,面对陌生的人和事物,就会非常小心谨慎,自然会显得比较胆小。

其实,不只是孩子,很多成年人身处陌生环境,也会有类似的表现。

▲ 无原则的宠溺

○ 宝宝想吃零食,妈妈不给,宝宝一哭,姥姥就立马说,"孩子不就是想吃点东西吗?乖,姥姥给你拿!"

○ 宝宝看到玩具非要买,躺在地上撒泼打滚,奶奶赶紧说,"买买买,奶奶给买!"

○ 宝宝发脾气,打了爸爸一下,爸爸刚想教育,爷爷就冲出来,"孩子还小,什么也不懂,你这么大的人和孩子较什么真呢?"

点明原因之后,开始阐述解决方法:

给"爱"立规则,破解窝里横

很多家长,尤其是长辈,分不清爱和宠的边界。

其实,爱≠宠。

爱是克制的,有原则的,是让孩子勇于面对挑战的能量包;

而"宠溺"只会把孩子圈在舒适区内,越来越贪恋家中没原则的包容和娇惯,更加无法走出家门,融入外面的世界。

答案可以采用总—分—总的结构,开头加入引导语点出问题,要切合实际内容,不宜太夸张,部分较为轻松的话题语言可略带幽默趣味;中间分析问题,回答时要突出关键词,紧扣标题,详细易懂;最后总结,以简明扼要语句概括整片答案。这种结构较为清晰,更能为读者所接受。

小编说

总体上来讲,破解窝里横,家长要明白"爱"不等于"宠",要学会给"爱"立规矩。

想让孩子不在外面怂,要给孩子提供多和外界接触的机会,让孩子用自己的方式和节奏来适应环境,学会交往。

就像其他育儿问题一样,引导宝宝不再"窝里横外面怂",保持耐心,不急躁。

慢慢来反而比较快。

添加"引用",可以用灰色色块及字体,再次提醒用户点击关注。例如育学园这次的回答已经获得了77个赞,说明至少有77个人认同答案,并有不少人通过前面或最后的名片链接进入主页。

选题方面,除了自己擅长领域的类别之外,热门问题能够极大地吸引用户眼球,回答时注意情感性与原创性,引起读者的共鸣,点赞的和评论的就会增多,文章权重就会更高,更容易被推荐到问答首页和头条首页。优质文章和爆文一般字数都在500字以上,并且图文并茂的文章更能吸引读者。

任务评价

请根据表5-1-1任务内容进行自检。

表5-1-1 今日头条平台发布与运营评价表

序号	鉴定评分点	分值	评分
1	熟知今日头条平台规则	20	
2	能够独立注册今日头条账号	25	
3	能够独立在今日头条上发布文章及视频	25	
4	掌握今日头条运营推广技巧	30	

能力拓展

自选题材(文章或者视频),注册一个今日头条账号,发布两三个内容至今日头条平台(要求所选的内容能通过审核并且发布成功)。

项目五 新媒体文章平台发布与运营

知识链接

1. 自媒体时代原创内容变现策略：扫描二维码，学习相关文章。
2. 认识今日头条：扫描二维码，学习相关文章。
3. 今日头条审核机制：扫描二维码，学习相关文章。
4. 今日头条运营方法：扫描二维码，学习相关文章。

知识链接

任务 2　简书平台发布与运营

学习目标

1. 掌握简书平台注册的方法。
2. 掌握简书平台发布流程与运营的方法。
3. 掌握文章图片处理、发布的技巧。

任务描述

简书不同于其他平台，作为纯写作平台，门槛较低，无字数要求，任何人都可以随时随地创作，内容创作可以随心所欲。该平台更像是喜欢文字的读者聚集地，是一个相对简单的自媒体平台，规则也相对简单。现需要你运用平台运营的技能，制作一篇图文并发布到简书。

任务分析

简书发文简单，可以随时写文章，也可以随时保存到简书。纯文字图片内容的平台与其他自媒体平台不同。面对简书平台上众多文章，要在众多文章中脱颖而出，必须研究、思考，掌握简书平台发布与运营的方法。

任务准备

1. 网络环境稳定的机房。
2. 文字和图片素材。
3. 准备一个未注册过简书的手机号码。

任务实施

一、简书的账号注册

1. 平台介绍

（1）PC 端介绍　在电脑端主要有 3 个模块，分别是"发现""关注"和"消息"，如图 5-2-1

所示。发现模块主要是系统推荐的文章;关注模块可以关注感兴趣的人和内容,主要是看关注的人写的文章;消息模块可以看评论、点赞和简信等。

图 5-2-1 简书 PC 端主页

（2）手机端介绍 简书手机端的内容较丰富,比 PC 端多了 2 个模块,共有 5 个模块,分别是"首页""关注""简书钻""消息"和"我的",如图 5-2-2 所示。

① 首页:可以搜索感兴趣的内容,阅读系统推荐的文章,在社区看到其他作者发布动态,可以在专题里直接选择感兴趣的专题阅读,可以看见连载的文章。

② 关注:内容类似于首页,区别在于关注模块里是用户关注的内容,比首页多了动态和文集。

③ 简书钻:可以查看收益。

④ 消息:可以看到其他读者发的消息,包括读者评论、点赞、关注等。

⑤ 我的:可以看见总资产、自己的文章、书架、浏览历史等。

2. 注册

（1）PC 端注册 登录简书官网（https://www.jianshu.com/）,点击"注册",输入昵称、手机号和密码,填写验证码后,点击【注册】,如图 5-2-3

图 5-2-2 简书手机端页面

所示。注册完成后,点击选择喜欢的专题和可能感兴趣的人,系统会根据专题选择和感兴趣的人推荐内容。也可以选择跳过。

（2）手机端注册 下载简书 APP 后打开。不用注册,可直接用手机验证码登录,也可直接用微信、QQ、微博社交账号直接登录，如图 5-2-4 所示。

图 5-2-3　简书 PC 端注册页面

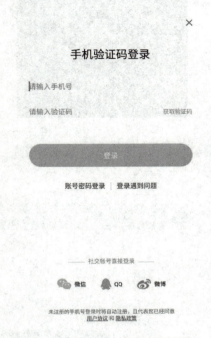

图 5-2-4　简书手机端登录页面

二、简书的发布流程

打开简书官网，登录个人账号，点击右侧头像边的"写文章"按钮，如图 5-2-5 所示。

图 5-2-5　简书官网页面

先选择"文集"，可以选择"日记本""随笔"或"新建文集"。选择"日记本"，标题会自动设为日期；"随笔"中可以随意发挥，但注意不要违规。选择"文集"后输入标题，点击"新建文章"，进入编辑页面编辑内容，如图 5-2-6 所示。编辑完成后，点击"发布文章"，如图 5-2-7 所示。

第一次发布文章时，如果用手机号登录账号，需要同时绑定手机号和微信，用微信扫描二维码登录。发布成功后，可以向专题投稿，也可分享到微博、微信或复制链接等，如图 5-2-8 所示，让更多人看见发布的文章。

图 5-2-6　编辑文章页面

图 5-2-7　发布文章

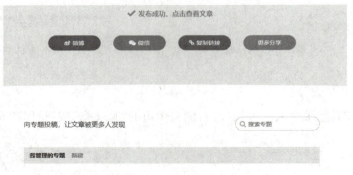

图 5-2-8　分享页面

三、简书的运营方法

简书手握丰富的内容资源,运营渠道却较为狭窄。如何使粉丝量保持稳定,并且增强用户与粉丝之间的黏性与活跃度,就需要从用户、内容、粉丝、活动等多方面考虑。

1. 分析对比

不能专注于自己的作品,也要分析他人的作品。利用简书平台,多阅读其他优秀作者的文章,分析总结优点和不足,以提高自己。

2. 针对用户需求

可通过第三方平台了解用户的需求。简书的用户大部分受教育水平较高,对知识的要求也高,且以女性为主,爱阅读原创或者相对文艺类的文章。

例如,公众号"梅拾璎"的文章阅读量很高,因为她知道用户的需求是什么。"涵养对美的虔诚""雨后,到树林里走走""又孤单又美好的绘本时光",从这3篇的标题就能看出是作者有感而发,读者阅读起来觉得舒服,每篇的阅读量都达到了三四千。

3. 与粉丝互动

读者在看了文章之后想表达、有疑问,就会在评论区留言。一定要回复、互动,让粉丝有亲近感,要认真维护和粉丝的关系。"梅拾璎"拥有20万粉丝,很注意维护和这些粉丝之间的关系,经常回复粉丝,且态度和蔼可亲。

把控人物设定(人设)是与粉丝互动的重要前提,要让粉丝认识活生生有感情的人,而不是冰冷的写作机器,或者只是营销气息浓重的公众号。稳定的更新是内容产出的重要保障,及时回应粉丝的回复,尽量解决其反馈的问题,让粉丝觉得是真正用心的、站在粉丝立场上的。

除了在评论区与粉丝互动外,适当的反馈活动也能提升粉丝量,如结合用户的喜好选择一些礼品做活动。例如,"梅拾璎"公众号的文章都是故事或者文艺类文章,所以选择书籍、阅读器,或者手工书签等作为礼品,礼品的价格不宜过高,尽量选择成本较低且与生活相关的物品。

探讨性的文章也能调动粉丝互动。将问题答案留给读者去讨论、思考,最后把精彩的答案整理,作为新文章发布,注意积极回应粉丝的答案。既可以丰富账号本身的内容,也可以给粉丝提供曝光量,增加粉丝的成就感,进而提高黏度。

不应该画地为牢,要多关注其他作者或者其他平台的文章,一方面为自己的写作提供灵感,另一方面也可以分析自己的话题。例如,"梅拾璎"就是从其他知名媒体人的公众号上看到问题,引导展开探讨,首先点出问题的来源,把原文全部放上去。注意运用"引用"功能,让读者分清本文与原文:

孩子,记得一定给自己开一扇窗啊

连叔,我真的受不了了,我要精神崩溃了!给您写了很多次邮件和留言,您没回我,我理解。我每天每夜地等,最后决定还是要自己改变自己。可是这才一个月,我的成绩又下滑了,真的下滑很厉害!我本来以为自己已经变得不再那么重视成绩了,可是事实是我还是会因为难堪的成绩而难过。我以前是个所谓的好学生,排名一直在前十,现在就要到倒数了,我真的很崩溃!我找过原因,所有的方法我都试过了,所有的题我都做遍了,我也请教过那些比我好的人,可是结果呢?我为了弥合自己的落后,一整个假期,真的是整整一个假期都在学习。后来,开学成绩依然当头一棒。我以为是把自己压得太紧了,我试过放松,试过把一切看淡,可无济于事。我真的感觉自己是个失败的人,而且作为班长,压力真的很大,我太太太难受了,因为刚刚自己悄悄查了一下成绩,我所见过的自己最差的成绩赫然显现。爸妈已经睡了,我把灯关了,一个人在我房间里哭。我明天甚至不太想去学校。

原文展示后,"梅拾璎"及时指出自己的感受,并且点评原文作者的回应。首先肯定原作者的回应,接着提出疑问,发散思考,寻求更好的解决方法。在这里,作者以自身的经历作为例子,提出应对方法:"用兴趣爱好来缓解自己的压力",并且举了身边的小例子来验证自己的观点:

看完这个孩子的话,我真的听见自己的心咔嗒一声,感觉要碎了,接着又抽得很紧:这是一个频临崩溃边缘的万分值得同情的好孩子——自强,肯上进,努力的结果却事与愿违!

作为一个母亲,我同时还迁怒于她的父母,孩子都到这种地步了,竟然没有察觉。

于是,我急于看连叔给她的回复。

值得人期待的连岳先生,先从一个人的主观譬如天赋以及客观现实方面作了切实的分析,接着给了这孩子几项可行的建议,譬如,准时作息、告别劣质勤奋、按部就班完成学业,并高明地总结道:人一生过得好,并不需要特别高的智力,等等。我认为他的话虽是远水,但也能一定程度上解得了这个孩子的近渴,她应该能听得进去,并有所改变,焕发精神。

看完之后,我脑子里一直琢磨这事,觉得连岳先生的建议和安慰都不错,可还是只能治标,解决这样的问题,有没有治本之道呢?就是在孩子较小的时候,能否找到另一个生命通道,或者另一个精神窗口,或者一个心灵栖息的地方,在奋战高考——这么一个人生大主题的时候,能安稳度过。

我想起自己高三的时候——

不宽的课桌面上整齐码放了厚厚三摞课本与参考书,桌兜永远有做不完的卷子,吃饭狼吞虎咽,如厕要小跑,顶着满天星斗回宿命,六点钟又起床……学习紧张是必然的,但没感觉到太多的焦虑和煎熬。倒是现在想起来,觉得那段日子自有它本身的光华灿烂,老师的敬业、同学的意气风发、操场边上的野草、灰白的围墙、走廊上励志的标语,都成了一种青春不朽的回忆。

最后总结自己的解决办法。这篇文章的阅读量不少,获得了 173 个点赞,说明作者的想法能让大多数人接受。

4. 征文活动

简书经常有各种主题征文活动,获奖的作品就会被推广,增加曝光率。简书的活动信息,除了能从首页的首屏海报看见,还可以从简书活动获取。具体操作如下:

第 1 步:首先打开简书 App,点击右下角"我的",如图 5-2-9 所示。

第 2 步:点击"简书活动"进入,如图 5-2-10 所示。在这个页面能找到简书的所有活动,包括日更挑战以及晨间日记等长期有效的活动。还有一类活动是有时限的,例如"10 个好故事征文大赛""行距杯年度征文大赛"等,一般规定在一定时间内完成相应的创作,获奖后会有相应的奖励。多参加征文活动有利于提高写作能力,也能增加公众号曝光度,提高知名度。

好的平台是用心做出来的,坚持长期经营。刚开始运营,不要抱怨粉丝数和阅读量少。例如"梅拾璎",从 2016 年就开始发布文章,现在已经发布了 121 篇文章,拥有了 20 万粉丝。这都是长期经营,一点点慢慢积累起来的粉丝。

项目五　新媒体文章平台发布与运营

图 5-2-9　简书的主页面

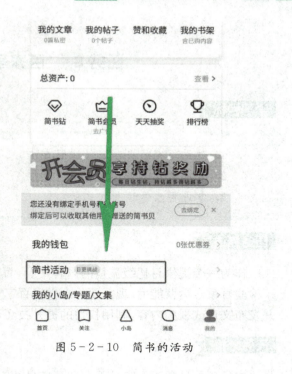

图 5-2-10　简书的活动

任务评价

请根据表 5-2-1 任务内容进行自检。

表 5-2-1　简书平台发布与运营学习评价表

序号	鉴定评分点	分值	评分
1	会注册简书平台账号	20	
2	能按照简书平台发布流程，成功发布一篇文章	40	
3	掌握简书运营方法，通过 3 天的运营能收获 10 个粉丝	40	

能力拓展

在简书平台发布一篇文章，通过运营能收获粉丝。

知识链接

1. 6 个步骤教你学会写新媒体文章：可扫描二维码，学习相关文章。
2. 浅谈新媒体写作必备技能：可扫描二维码，学习相关文章。
3. 简书推荐机制与运营方法：可扫描二维码，学习相关文章。

知识链接

电商 新媒体应用

任务 3　百家号平台发布与运营

学习目标

1. 熟悉百家号平台账号注册方法。
2. 掌握百家号平台发布操作流程。
3. 掌握百家号运营方式。

任务描述

作为一个提供百亿级流量的内容平台,百家号致力于恰如其分地给内容找到读者。为了检验百家号运营能力,现需要你独立在百家号平台注册一个账号,然后在百家号平台制作并发布文章或视频内容,利用权益的提升技巧运营维护。

任务分析

本任务首先学习百家号平台和百家号的审核机制、推荐机制,注册百家号账号以及发布作品,学习百家号的运营方式,如文章技巧、变现方式及利用权益的方法。

任务准备

1. 网络环境稳定的电脑或者移动设备。
2. 注册百家号的身份证照片。
3. 准备文章、图片或视频素材。

任务实施

一、百家号的账号注册

1. 平台介绍

百家号是百度专为内容创作者打造,集内容创作、发布和变现于一体的互联网平台,为内容创作者提供内容发布、内容变现和粉丝管理服务。百家号欢迎每一位自媒体人在百家号创作内容,要求账号申请信息真实、完整,符合规范。创作者可以通过百家号 PC 端和百家号 APP 两种方式发布内容。

2. 账号注册

利用百度账号登录百家号唯一官方网站或下载百家号 APP,根据申请步骤、登录(注册)、选择类型、填写资料即可。账号审核一般在 15 min 内完成,最长审核时间不超过 3 个工作日。审核完成后会收到一条百家号发送的审核状态提示短信,可登录百家号官网查看审核结果。

个人类型账号,一张身份证只能注册一个账号,注册后的身份证不能再申请。

机构类型账号,一个组织机构最多可注册两个账号,注册后的主体不能再申请。

步骤1:登录百家号官网(https://https://baijiahao.baidu.com/),注册、登录百度账号,然后点击"开通我的百家号",选择百家号的账号类型,如图5-3-1、图5-3-2所示。

图5-3-1 登录百度账号

图5-3-2 选择百家号的账号类型

步骤2:设置名称,可以直接用自己名字或者用行业相关名称。"账号介绍"中填写账号的理想和定位等。"头像"可以选用注册者本人的照片,或者与行业相关的头像,头像要高清。然后选择领域和所在地,如图5-3-3所示。

步骤3:填写运营者信息,填写身份证姓名、身份证号,上传身份证照片,最后填入正确验证码即可提交进入审核环节,如图5-3-4所示。

图5-3-3 填写百家号信息

图5-3-4 填写运营者信息

步骤4：补充账号的相关信息，可以开始运营百家号，如图5-3-5所示。

图5-3-5　百家号主页

二、百家号的发布流程

步骤1：登录到百家号的操作界面管理后台，点击选择"图文"菜单，如图5-3-5所示。
步骤2：进入图文编辑器界面，默认内容全部为空白可编辑的状态。
步骤3：编辑、添加要发布的文章内容，如图5-3-6所示。

图5-3-6　编辑文章

步骤4：在文章内容添加完成后，再点击【发布】按钮发布文章，如图5-3-7所示。
步骤5：点击【查看发布状态】按钮，可以查看文章的发布情况，如图5-3-8所示。

项目五 新媒体文章平台发布与运营

图 5-3-7 发布文章

图 5-3-8 查看发布状态

在文章发布后，进入到文章内容审核。待审核通过后，文章状态才会显示为"已发布"，至此文章在百家号才算发布成功，如图 5-3-9 所示。

图 5-3-9 文章审核界面

三、百家号的运营方式

1. 平台规则与算法机制

（1）**百家号审核机制** 内容需要通过机器和人工的双重审核，才能成功发布。因每天发布的内容量十分庞大，故以机器审核为主，人工审核为辅。

机器和人工筛选过滤文章，根据具体情况决定是否违规。不发布违规内容，是百家号内容创作者在平台成长受益的基础。百家号内容规范见表 5-3-1。

表 5-3-1 百家号内容规范

编辑符合规范标题	标题无敏感信息，避免低俗内容，无错别字及特殊符号
发布优质、原创的文章	正文格式和内容符合平台规范，避免出现格式错误、标题党、色情低俗、恶心血腥、虚假信息和违反现行法律、法规等内容，发布具有时效性的文章
避免推广信息	不发布二维码、营销电话、带有推广信息水印的图片，不发布恶意推广类信息

（2）**百家号推荐机制** 百家号推荐机制分为机器算法和人工干预两种。

① 机器算法：机器能"阅读"内容所属领域，识别该内容的特征并贴上标签。也能计算和识别每个用户的基本信息、行为特征、浏览喜好，给用户贴上标签。内容标签与用户特征标签相匹配时，这篇内容便会被推送至该用户面前。算法推荐机制分为以下两个阶段。

第一阶段：审核通过的内容推送给部分人以后，会得到点击量、评论量、转发量、阅读完成率等反馈数据。

第二阶段：当第一阶段的反馈数据超过达标值时，进入第二阶段。系统找到第一阶段反馈数据中读者代表性标签，认定这类人对该内容感兴趣。然后，进一步提高文章和读者的精准匹配，提高文章点击率和阅读完成率。

百家号的机器算法与其他平台不同，它会根据用户反馈数据，长期推荐发布内容，用户反馈一直为正向时，推荐期甚至可能长达几个月。

② 人工干预：人工干预出现在文章或内容受到较多用户投诉时，机器推荐算法可能出现误差，需要人工实际的审核、干预推荐。

除了阅读用户的标签要和发布内容匹配之外，还需要考虑用户的阅读场景和关系，即根据兴趣相投的用户在什么场景下阅读什么内容，作出相应的推荐。智能算法不只是简单的算法模型，而是基于每个用户的个人属性进行考量，如关系、个性、场景等。

2. 百家号的权益

需要培养百家号指数和信用分，新手才能转正，大部分权益都要在转正后才能享受到。根据不同的作者情况，平台予以不同的发文权限：新手作者及转正作者每天可发布5篇；成功申请原创标签的作者，每天可获得不限量的发文权益。

（1）百家号指数　百家号指数是通过作者的内容质量、领域专注、活跃表现、原创能力、用户喜爱等5个指标计算而得出的客观评分结果。分数越高，代表账号的质量越好，越能获得更高的等级与权益。通过百家号指数，作者可以了解自己账号的表现和创作内容的投放效果。提高百家号指数的技巧见表5-3-2。

表5-3-2　提高百家号指数的技巧

内容质量	标题不要夸张，标签封面要和内容相对应。内容积极向上，条理清晰。遵守平台规范
原创能力	在百家号为首发，内容不得抄袭
活跃表现	每天至少发布一个作品，不间断，并积极参加平台活动
领域专注	长时间在同一领域发布作品，系统会结合内容分类，判断作者擅长领域。发表领域之外的内容则会使分值降低
用户喜爱	用户观看作品时的完播率、关注和收藏量越多，分值越高。如果作弊被发现，会影响得分

（2）原创标签　百家号的原创标签分为图文原创标签和视频原创标签。

① 符合以下条件的作者可申请图文原创标签：已转正且通过实名认证的作者，百家号指数中内容质量分不低于500，原创分数不低于800；最近30天内发布成功且获得推荐的原创图文不少于5篇，信用分不低于80分。满足以上条件的账号可在"百家号作者后台"→"我的权益"→"图文原创标签"发起申请。平台会审核内容质量及原创程度，并在3个工作日内反馈结果。审核被拒15天之内不可再次申请。

② 符合以下条件的作者可申请视频原创标签：已转正且通过实名认证的作者，百家号指数中内容质量分不低于500，原创分数不低于800；最近30天内发布成功且获得推荐的原

创图文不少于3篇,信用分不低于80分。满足以上条件的账号可在"百家号作者后台"→"我的权益"→"视频原创标签"发起申请。平台会审核内容质量及原创程度,在3个工作日内反馈结果。审核被拒15天之内不可再次申请。

平台鼓励优质、原创的内容。成功开通图文或者视频原创标签的作者可获以下多平台权益:① 发文篇数升级,每天发文不限量;②发布原创图文时可添加原创标记;③发布原创视频时可添加原创标记;④发布的原创内容可获得更多广告收入;⑤将从原创作者中产生百家榜的上榜者;⑥获得自荐资格;⑦可享有原创保护——全网维权权益。

(3)百家号作者V认证　作者V认证能够彰显百家号作者的权威身份,提高文章的可信度,包括真实性认证、优质创作者认证、兴趣标签认证、身份职业认证、Vlog达人认证、官方标签认证和V认证,如图5-3-10所示。

专属个人V标
认证通过后个人身份
将增加V标

影响力分析
问答数据、粉丝数据
一网打尽

广告分润
达到标准可按比例
获取回答广告收入

服务转化
品牌导流等服务助力
转化交易订单

图5-3-10　百家号作者V认证

作者V认证的权益包括权威V标识、粉丝必现、流量扶持、粉丝关注、搜索名片,见表5-3-3。

表5-3-3　作者V认证权益

权威V标识	个人作者完成V认证将获得黄色V标,机构作者完成V认证将获得蓝色V标
粉丝必现	完成自媒体原创认证及V认证,且粉丝不低于1 000,开通粉丝必现功能,在作者所有粉丝关注频道展现,粉丝阅读后作者能够获得多倍收益
流量扶持	获得流量扶持,增加曝光与关注,提高知名度
粉丝关注	推荐关注提权,吸引更多粉丝关注,促进品牌成长
搜索名片	在百度APP搜索引擎的搜索框中搜索"＊＊百家号"时,加V作者的搜索结果将以"名片"形式展现。能突出曝光作者的百家号,在搜索结果页排位更靠前,拥有更多流量

3. 变现方式

百家号变现方式主要有投放广告、电商链接、付费专栏、百家榜等。

(1)广告收益　百家号的广告收益是指创作者通过文章的阅读量和分发量等流量数据,带动广告的阅读量或点击量而获得的广告分成。广告包括原生广告和联盟广告。

手机百度的资讯流和百家号的内容页中都有不少原生广告,百家号的作者生产的内容将会根据其带来的流量数据,获得原生广告分成。具有原创标签的文章在发布时,选择"自荐文章",入选的文章,单篇保底收入 100 元,并且能获得流量扶持。

创作者在百家号发布文章后,百度平台导入流量,并将百度联盟广告客户和品牌客户引入页面,这样广告的收入会 100% 返还给创作者。文章的阅读量越多,创作者的分成也会越多。

(2)百家榜 百家榜是百家号推出的影响力品类榜,综合原创内容、内容质量、账号影响力等核心指标排序,每月发布一次,旨在衡量账号综合影响力,构建良好的内容生态,促进优质内容生产,助力创作者成长。每月下旬进行评选,根据内容原创度、内容质量度、活跃度、互动度、影响力等指标综合评估,评出每月的原创作者榜,上榜作者有机会获得最高 2 万元的创作奖金。

任务评价

请根据表 5-3-4 任务内容进行自检。

表 5-3-4 百家号平台发布与运营评价表

序号	鉴定评分点	分值	评分
1	能独立注册百家号	20	
2	能通过百家号发布图文	30	
3	提升领域专注分值至 100 分	20	
4	开通图文、视频原创标签	30	

能力拓展

1. 在百家号注册一个账号。
2. 在百家号发布文章、视频并运营维护。

知识链接

1. 百家号权益及教程:可扫描二维码,学习相关文章。
2. 百家号图文商品功能:可扫描二维码,学习相关文章。

知识链接

任务 4　大鱼号平台发布与运营

学习目标

1. 掌握大鱼号平台账号注册方法。
2. 熟悉大鱼号平台发布操作流程与运营方式。
3. 掌握文章图片及视频处理、发布的技巧。

项目五　新媒体文章平台发布与运营

> 任务描述

不同于传统媒体时代,新媒体编辑在创作内容的时候需要用到新媒体平台。作为一个新媒体平台,大鱼号不同于其他新媒体平台的是其推广渠道不是单一的。大鱼号平台创作的内容种类丰富,可以发布图文、小视频、短视频以及图集,呈现形式多样化。现需要你运用大鱼号平台,为平台引流来制作一篇图文、小视频或短视频。

> 任务分析

大部分人都会在新媒体平台简单地发布内容,而靠平台发布来获取收益,把平台运营好,并不容易。在大鱼号平台上发布的内容可以在多个平台推送且可以拥有多个平台的收益。

> 任务准备

1. 网络环境稳定的机房。
2. 准备好图片和视频素材。
3. 准备未曾注册大鱼号的手机号。

> 任务实施

一、大鱼号的账号注册

1. 平台介绍

大鱼号总共有 8 个模块,分别是"首页""活动约稿""平台任务""创作""内容管理""运营数据""成长"和"我的账号",如图 5-4-1 所示。

图 5-4-1　大鱼号 PC 端主页

"创作"模块主要用于日常内容的发布、作品及素材的管理。在"运营数据"模块可以看见发布的内容数据和粉丝数据,例如播放量、阅读量等,方便分析对比。"成长"模块有一项积分任务,积分可以兑换礼品,例如可以兑换发布文章的额外机会。大鱼榜单可以看见各个领域最具影响力的账号。权益中心中可以查看账号开通的所有权益。

大鱼号的内容创作有4种类型,分别是图文、短视频、小视频、图集,可以发布纯图文编辑的文章,也可以发布小视频、图集或短视频,类型多样。

图文的标题需5个字以上。短视频发布横版视频,而小视频是竖版视频。发布的视频会自动同步到UC、土豆和优酷的平台上。图集必须是3张图片以上,每张图片要输入标题和描述。

2. 账号注册

步骤1:登录大鱼号官网(https://mp.dayu.com/),点击"注册",输入手机号和验证码,登录选择入驻类型,如图5-4-2、图5-4-3所示。

图5-4-2　大鱼号首页

图5-4-3　选择大鱼号入驻类型

步骤2:填写入驻资料时首先设置名称,可以直接用自己名字或者行业相关的名称。"账号介绍"为账号的定位、功能和特色等。头像要求清晰,可用自己照片或行业有关图片,如图5-4-4。然后,用手机淘宝APP扫描二维码实名认证。认证时需要身份证正反面照片。

步骤3:注册成功之后,入驻资料需要审核,审核通过后可发布文章和视频。到此,就进入"试运营"阶段,坚持创作优质原创内容,就可转为正式账号。

二、大鱼号的发布操作流程

1. 图文发布

步骤1:登录大鱼号官网,点击左侧导航栏的"创作",选择"图文",如图5-4-5所示。

步骤2:进入图文创作页面后编辑图片和文章,下方可以编辑作者名称、文章封面、定时发布等设置。设置完成后点击"预览",预览文章,发现问题可以修改。如果检查无误,点击【发表】即可发布文章,如图5-4-6所示。

项目五 新媒体文章平台发布与运营

2. 短视频发布

步骤1：点击左侧导航栏的"创作"，选择"短视频"，如图5-4-7所示。

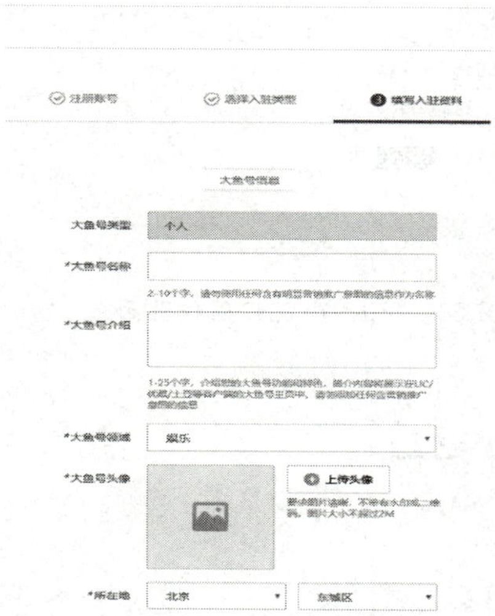

图5-4-4 大鱼号信息填写 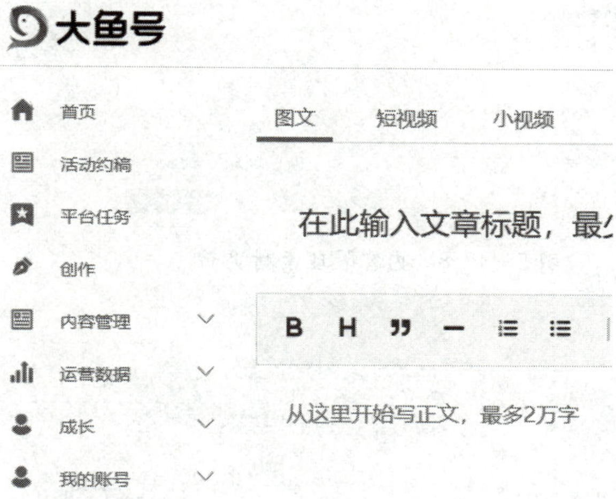　　　图5-4-5 大鱼号图文创作页面

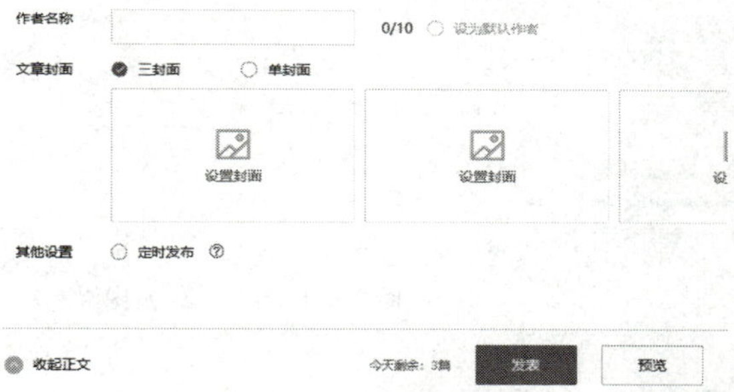

图5-4-6 编辑信息 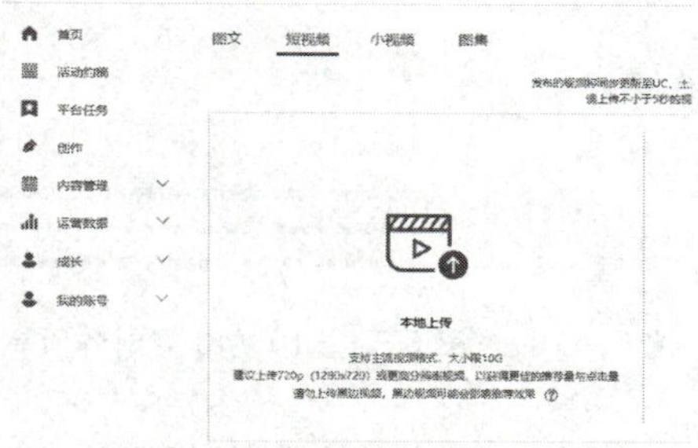　　　图5-4-7 短视频创作页面

步骤2：可以选择本地上传视频，大小限制10 GB。切记不能上传黑边视频。

步骤3：也可"选择素材"上传，素材是左侧导航栏"内容管理"模块的视频素材，由自己添加，如图5-4-8所示。

3. 小视频发布

步骤1：点击左侧导航栏的"创作"，选择"小视频"，如图5-4-9所示。要求是竖版视频，只能点击上传本地视频，无法从素材库里选择。

步骤2：上传视频后，编辑右侧信息，输入标题，上传视频封面。视频封面可从本地、素材库、视频截图中选择。

4. 图集发布

步骤1：点击左侧导航栏的"创作"，选择"图集"，如图5-4-10所示。

步骤2：点击"添加图片"，可以添加本地图片或从个人素材库中选择，如图5-4-11所示。

图 5-4-8　内容管理素材页面　　　　　图 5-4-9　小视频创作页面

图 5-4-10　图集创作页面　　　　　　图 5-4-11　添加图片

步骤 3：图片添加后，编辑图片信息，如图 5-4-12 所示。
步骤 4：设置封面图，只能从选择内容中选择。
步骤 5：最后点击"预览"，有问题的修改后，点击【发表】，如图 5-4-13 所示。

图 5-4-12　编辑图片信息　　　　　　图 5-4-13　设置封面

三、大鱼号的运营方式

1. 坚持原创

原创内容易被推荐，收益也比较大。其内容、定位与其他已经开通原创功能的账号相同，并且大鱼号平台账号信用分达到 100 分，所发内容为原创的，就可申请开通图文原创功能，例如"看鉴地理"，文章视频绝大部分为原创。

平台的推荐机制为原创优先，所以要坚持原创，发布的内容才会被更多人看见。

2. 标题恰当

面对大鱼号平台推荐的无数文章和视频，首先吸引读者阅读的一定是标题。标题一定要遵守平台的规则，不要发布低俗、不雅等不符合规则的标题，否则会被系统封号。取标题应结合文章和视频内容，能产生共鸣或者好奇心。

"看鉴地理"的大多数标题为问句，有悬疑感。读者带着疑问阅读文章、观看视频。例如，"为什么西方星座这么流行，而我们的《易经》成了算命的封建迷信？"标题是问句，能看出这篇文章讲的内容主要是西方星座流行的原因，以及《易经》成为算命的封建迷信的原因，直接点名本篇文章主要讲述的内容。

一篇完整的文章分为标题与正文两个部分，正文决定转发率，而标题则决定了点击率。文章的正文至关重要，但是没有足够吸睛的标题，读者也不会点进去看。

（1）展示"痛点"　痛点新闻一般是用户最为关心的内容。例如，2020 年初爆发的新冠肺炎，所有跟新冠疫情有关的文章几乎都会被关注。上海热线"侬好上海"大鱼号的文章"上海爷叔洗空调洗出肺炎？上海人注意！空调里这些细菌会'致命'"，标题首先点出了关键词"肺炎"，其次公号主推上海，所以点出关键词"上海人注意"。再结合当下在夏季，所以点出关键词"空调"。最后再点出细菌会"致命"的关键词放大效果。为了不过于夸张，"致命"加上引号。

（2）贴近生活　越贴近生活的文章被点开的概率越高，要确定与生活相关的关键词，例如打车、挤公交、季节、上下班、上学、加班、租房、逼婚等。例如，"民声天下"大鱼号的文章"早已锁定！厦门迎来最热 6 月！同创 41 年来高温最多月份"，主要讲天气情况，假设标题为"天气预报"，不够吸引人。作者首先用一个肯定的语气"早已锁定！"开头，让读者产生锁定什么的问题，带着疑问继续阅读。接着点出区域"厦门"，以及当下的季节变化"最热 6 月"，突出重点内容。余下的标题则是大致概括全文内容，便于读者能够快速理解内容。

（3）找矛盾，引争议　简单理解即是引发读者思考、讨论。例如，最常见的"是否应该给领导送礼""孩子应该穷养还是富养"等。很多读者在看到此类标题时，都想看看自己的观点与文章的是否一致，从而点开文章。例如，"孩子要穷养还是富养？真正的富养到底是什么？"，标题开头就点出了问题"孩子要穷养还是富养"，引发读者思考。后面一句"真正的富养，到底是什么？"，则点出文章的内容，引发读者探索的兴趣，从而促进点开阅读文章。

3. 图片美观

文章配适量的图片，版面更美观。不论是手机端或电脑端打开，配图要求清晰，尺寸不宜太大或太小，不超过 5 MB。配图符合规则，不能有涉黄、不健康图片。图片要与文章内容相符合；视频的封面配图要吸引人，有辨识度。

唱词朴实,唱段经典,熟悉豫剧的一听就明白,**《花木兰》**经典选段**《刘大哥讲话理太偏》**的乐谱,可谓是深得观众们的喜爱。

其实这是属于河南人民的基本操作,从小到大在豫剧大喇叭轰炸之下,唱戏已经成了肌肉记忆,矮马,嗓子痒痒,俺也想来一段了……

图 5-4-14　看鉴地理配图

"看鉴地理"文章里都是高清配图,并且有图片备注。图片与文章内容相符,简洁明了,看起来很舒服。图片不能大众化,否则读者会觉得很腻,如图 5-4-14 所示。

4. 分享转发

并不是所有的文章和视频能被系统推荐,被系统推荐后短时间内也不会有很高的阅读量。快速增加阅读量的方法是,把文章和视频分享到其他平台上,如微博、微信公众号等。也可请人帮忙转发,尤其是优质内容,读者也会愿意帮忙转发,会被更多的人看见,增加阅读量和粉丝数。

文章首发是决定推荐量至关重要的一点。有很多新媒体平台支持一篇文章在多个平台上发布,但大鱼号平台有特殊的"试用期",注重原创内容。平台会审查文章是否曾在其他平台出现过,首发吸引更多的读者阅读,平台给予的推荐量也会更多。所以,原创内容要选择大鱼号平台优先发布,并且两三个小时以后,再去别的平台发布,能够大大提高平台的推荐量。

任务评价

通过完成本任务的学习,请根据表 5-4-1 任务内容,对本任务所学内容自检。

表 5-4-1　大鱼号平台发布与运营学习评价表

序号	鉴定评分点	分值	评分
1	学会注册大鱼号平台账号	20	
2	掌握大鱼号发布流程,能成功发布一篇文章	40	
3	掌握大鱼号运营方法,能通过运营转为正式账号	40	

能力拓展

注册一个大鱼号,经过审核后选择自己感兴趣的主题发布一篇文章,运营 3 天内获得 100 以上阅读量。

知识链接

1. 新手通过大鱼号自媒体月收入快速过万的方法:可扫描二维码,学习相关文章。
2. 大鱼号媒体平台提高推荐量的方法:可扫描二维码,学习相关文章。

知识链接

模块三 新媒体平台运营

项目六 新媒体短视频平台发布与运营

抖音、快手等各大短视频 APP 盛行,短视频平台已经成为各大企业、个人运营的必争之地。想要从众多的短视频内容中脱颖而出,除了优秀的内容,还要擅长各类运营手法,为短视频锦上添花。通过运营带来强大的流量,提高账户的竞争力。

本项目将会从 6 个目前主流的短视频平台入手,学习短视频平台的账号注册方法、发布操作流程以及审核机制,掌握各平台的运营方式。

电商 新媒体应用

任务 1　抖音短视频发布与运营

学习目标

1. 熟悉抖音平台运营机制及账号注册方法。
2. 掌握抖音视频发布操作流程。
3. 掌握抖音平台的基本运营方式。

任务描述

自媒体时代，人人皆可成为自媒体创作者。抖音是自媒体短视频平台中的佼佼者。截至 2020 年 1 月，抖音短视频的日活跃用户数已经突破了 4 亿。好的抖音短视频账号，不仅能分享生活中的乐趣，还能为创作者带来可观的收入。掌握发布与运营技巧是创作者突出重围获得推送资源的重要因素之一。为了让你的抖音作品获得推送资源，现需要你运用抖音平台机制，调整视频内容，发布一部作品，通过审核并展开后期运营。

任务分析

想要运营好抖音视频号，了解抖音平台的运营机制、发布方式及运营技巧。只有摸清平台运营机制，才能找到适合的运营方法。

任务准备

1. 网络环境稳定的移动设备。
2. 注册需要的手机号或微信号。
3. 准备好视频素材。

任务实施

一、抖音短视频的账号注册

1. 平台介绍

抖音短视频是一款音乐创意短视频社交软件，由今日头条孵化。该软件于 2016 年 9 月上线，是一个专注于年轻人的音乐短视频社区平台。用户可以选择歌曲、拍摄音乐短视频，制作自己的作品，平台会根据用户的爱好更新视频。

PC 端为网页抖音官网，除了各种平台资讯外，还能发布视频。手机端则为日常平台使用端，注册账号功能只能在手机端使用。PC 端页面和手机端界面如图 6-1-1、图 6-1-2 所示。

项目六 新媒体短视频平台发布与运营

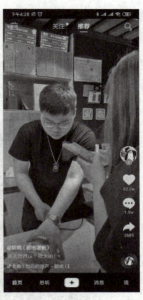

图6-1-1　PC端官方页面　　　　　图6-1-2　手机端抖音界面

2. 账号注册

步骤1：打开APP，点击"我"，会出现登录界面。主要有手机号码登录、今日头条账号登录、QQ登录、微信登录以及微博账号登录等方式。任选一个登录方式一键登录即可，如图6-1-3所示。

步骤2：点击"我"编辑个人资料。首先美化账号主页，比如头像、名称、个人签名、背景图等。企业注册的抖音号可以做蓝V认证，会有更多功能的使用权限。名称、个人签名为文字，能展示账号的定位和联系方式即可，如图6-1-4所示。

图6-1-3　手机端登录界面　　图6-1-4　个人信息界面

二、抖音视频的发布操作步骤

抖音视频可以在 PC 端和手机端发布，推荐使用 PC 端发布。因为 PC 端可以发布高清文件，后期的视频处理和数据查看也更加方便。

步骤 1：打开抖音官方界面，如图 6-1-5 所示。

图 6-1-5　PC 抖音官方界面

步骤 2：点击"上传视频"，选择视频的保存路径，进行【下一步】，如图 6-1-6 所示。

图 6-1-6　上传视频界面

步骤 3：在视频中选出效果最好的一帧作为封面，如图 6-1-7 所示。

步骤 4：填写标题，编辑完成后点击【发布】即可完成所有发布操作，如图 6-1-8 所示。

图 6-1-7　选取视频封面

图 6-1-8　发布视频

三、抖音平台的运营技巧

短视频内容发布后,需要多种运营技巧提高热度,吸引用户观看,常用的方法有设定短视频标题与封面、选择音乐、参加话题、互动引流、分享转发,最终实现商品变现。本任务主要讲解选择音乐、选择热门话题及使用 Dou+ 等引流方式,展示如何开通抖音商品分享功能。

1. 选择音乐

音乐与视频画面各有各的特性,画面是用眼睛去感受的,具有真实感与客观性;虽然无法看到音乐,缺少具象化的形象,但是带给人的感受确实非常强烈,能快速渲染视频氛围。音乐与画面相辅相成,可以使用热门音乐来帮助视频提升热度。

不同类型的短视频需要选择不同类型的背景音乐,保持音乐与内容风格一致。本任务以最常见的美妆类、搞笑类以及美食类短视频配乐为例说明。

(1) 美妆类　年轻女性观众较多,整体风格时尚、青春,所以一般选择年轻人喜欢的潮流音乐,其潮流属性可以与美妆画面完美搭配。可以在网易云或 QQ 音乐的排行榜中查看近期热度最高的曲目。

(2) 搞笑类　搞笑类短视频一般以剧情为主,为了突显搞笑情节会设置一定的"包袱",即剧情翻转的笑点,可以搭配让人记忆深刻的歌曲,如费玉清的《一剪梅》、抖音创作者常用的热门背景乐《无中生有、暗度陈仓》等。

(3) 美食类　美食类短视频一般较为轻松愉悦,画面内容饱满,色彩鲜艳,让人垂涎欲滴,可选择较为轻快优美的背景乐,比如纯音乐或爵士乐等,例如著名作曲家久石让的钢琴曲。也可以参考其他美食类短视频的配乐,在右下角音乐图标中即可查看,如图 6-1-9 所示。如果视频内容中出现采集食材等画面,还可以增加自然音效如流水声、鸟鸣声等来丰富画面。

图 6-1-9　查找音乐

背景乐辅助视频内容的展现,整体节奏要与视频内容的节奏相吻合,不能过快或过慢,不能喧宾夺主。例如,故事情节轻松简约,就不宜选择 DJ 类、说唱类的曲目作为背景乐。

2. 参加话题

话题是内容的聚集地。用户会由于某一类内容的吸引而点开详情页,寻找更多有趣的内容。参与合适的话题,会获得更多的曝光量,增加视频的浏览量。在抖音里添加话题的步骤如下。

步骤1：点击抖音中"+"发布视频。

步骤2：在发布框下点击【♯话题】按钮，点击后在发布框中会出现符号"♯"，下面会展示近期的热门话题，如图6-1-10所示。

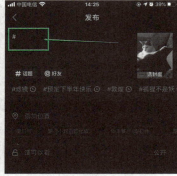
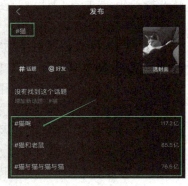

图6-1-10 话题按钮　　　　　　　　　　　　　　图6-1-11 话题

步骤3：输入所需关键字，系统自动搜索相关话题，并点击选择，如图6-1-11所示。

3. 投放Dou+

Duo+是一款视频加热工具，需购买后使用。可以将视频推荐给更多有兴趣用户或者潜在粉丝，提升视频的播放量和互动量。这种付费引流方式要量力而为。

切不可通过非正当渠道买粉、买赞、买评论。抖音后台的监测系统发现异常后会对账号限流，甚至封号，导致账号变成废号，得不偿失。为了获得更多流量又不限流，购买Dou+是不错的选择。

4. 商品分享变现

抖音的带货能力毋庸置疑，虽然经过新规调整，加大了商品发布限制，但并不妨碍通过抖音商品分享功能变现。抖音商品分享功能主要是通过添加淘宝、京东、考拉海淘、唯品会等购物平台的商品链接变现。

步骤1：打开抖音，进入个人主页，调出"页面设置"→"创作者服务中心"→"创作者学院"，如图6-1-12所示。

图6-1-12 商品分享

项目六 新媒体短视频平台发布与运营

步骤 2：此时账户处于未实名认证状态，点击"商品分享"进入实名认证模式，根据提示认证，如图 6-1-13 所示。

图 6-1-13 实名认证

步骤 3：完成认证后，符合进阶要求［个人主页视频数（公开且审核通过）超过 10 条，账号粉丝量（绑定第三方粉丝量不计数）多于 1 000］，即可开通商品分享功能，如图 6-1-14 所示。

图 6-1-14 完成开通

步骤4：开通后，需要将淘宝与抖音商品账户绑定才能正常发布商品。首先打开橱窗页面，点击头像进入个人信息界面，如图6-1-15所示。

步骤5：找到账号绑定，绑定淘宝PID即可完成淘宝账号绑定。同样的步骤绑定京东、洋码头等购物平台，如图6-1-16所示。

图6-1-15　点击头像进入个人信息界面

图6-1-16　绑定淘宝PID

手动查看淘宝PID的方法如下：
步骤1：在电脑上打开阿里妈妈网址：www.alimama.com。
步骤2：使用淘宝账号登录该平台，登录账号之后点击"进入我的联盟"。
步骤3：点击"我要推广"，选择任一商品，点击"立即推广"；推广类型选择"导购推广"，投放推广位选择"新建推广位"，输入名称，点击【确定】。
步骤4：点击顶部"推广管理"，选择"推广位管理"→"导购推广位"，找到刚才输入的推广位名称，复制对应的PID即可。

任务评价

通过完成本任务的学习，请根据表6-1-1任务内容，进行自检。

表6-1-1　抖音发布与运营学习评价表

序号	鉴定评分点	分值	评分
1	会注册抖音账号	30	
2	能够发布作品并通过审核	30	
3	掌握抖音运营方式，通过运营在1周内让账号增加粉丝30以上	40	

能力拓展

在抖音平台成功发布视频，并通过运营在1周内使账号增加粉丝30以上。

项目六 新媒体短视频平台发布与运营

知识链接

1. 抖音发布技巧：可扫描二维码，学习相关文章。
2. 抖音运营技巧：可扫描二维码，学习相关文章。
3. 抖音审核机制与账号运营：扫描二维码，学习相关文章。

知识链接

▶ 任务 2　快手短视频发布与运营

学习目标

1. 掌握快手短视频的运营机制和账号注册方法。
2. 掌握快手短视频的发布操作流程。
3. 掌握快手短视频的基本运营方式。

任务描述

快手是当下热度很高的一款短视频软件，由于用户的黏性高、带货能力强的特性，使其成为当下优秀的自媒体变现平台。想要从众多的快手短视频创作者中脱颖而出，需要重视其短视频的发布与运营技巧。现需要你学习快手平台推荐机制和内容运营技巧，发布短视频并做后期运营管理。

任务分析

想要运营好快手账号，就要充分了解这个平台的各种机制、发布方式与运营技巧。本任务学习快手平台的账号注册方法、平台机制、发布操作流程以及运营技巧。

任务准备

1. 网络环境稳定的电脑和移动设备。
2. 下载快手 APP。
3. 准备未曾注册过快手的手机号。

任务实施

一、快手的账号注册

1. 平台介绍

快手是一款短视频 APP。快手的前身 GIF 快手于 2011 年 3 月投入市场后，产生了巨大的反响。2012 年 11 月，转型为短视频社区，而后随着智能手机和 3G、4G 网络的逐渐普及，很快火爆全国。

6-9

在快手上,用户用照片和短视频分享生活中的趣事,通过直播与其他用户互动。快手的内容覆盖生活的方方面面,用户遍布全国各地,成了大众茶余饭后的娱乐工具。

(1) PC 端介绍　快手官网的界面就是快手的 PC 端,除了快手的基本信息简介和相关联的产品外,主要用到的是创作者服务平台。创作者可在这个平台中看到自己视频后台的数据,有助于创作者的分析和定位,如图 6-2-1 所示。

图 6-2-1　PC 端界面

(2) 手机端介绍　快手 APP 涵盖了快手的所有基本功能,如推荐视频、同城视频、直播观看,以及日常视频的拍摄等。

2. 登录

步骤 1:打开快手 APP,点击左上角"登录"按钮后会出现登录界面,主要有手机号登录、微信登录、QQ 登录、微博登录以及邮箱登录等。可以任选一项登录方式登录,如图 6-2-2 所示。

步骤 2:点击个人信息编辑资料。注意,头像、昵称、个人介绍、背景图设置应符合自身定位。

二、发布操作流程

步骤 1:打开快手 APP,进入界面。

步骤 2:点击下部"+"号进入拍摄模式,点击"相册"选择剪辑好的视频,点击【下一步】,如图 6-2-3 所示。

步骤 3:添加标题和背景音乐。背景音乐可以从软件中选择,如图 6-2-4 所示。

步骤 4:按照分镜脚本给每个镜头添加字幕,如图 6-2-5 所示。

步骤 5:在视频中挑选一帧图像作为封面,如图 6-2-6 所示。

步骤 6:点击【下一步】,填写发布标题,添加话题,更容易增加曝光率,如"♯美食♯开箱"。编辑完成后点击【发布】即可,如图 6-2-7 所示。

项目六　新媒体短视频平台发布与运营

图 6-2-2　登录界面

图 6-2-3　从相册中选择视频

电商新媒体应用

图6-2-4 添加文字和背景音乐

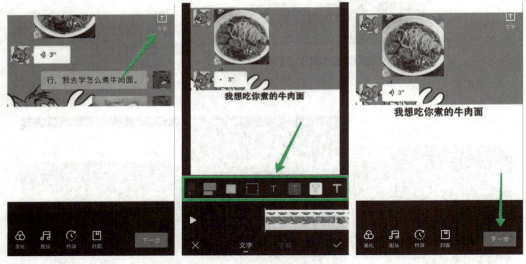

图6-2-5 添加字幕

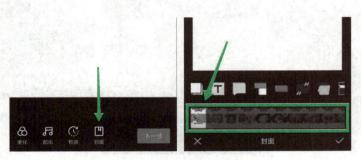

图6-2-6 设置封面

项目六 新媒体短视频平台发布与运营

图 6-2-7 发布视频

三、平台运营方式

1. 推荐机制

推荐机制正是视频热度的重要因素,想要视频热度高,就要提高快手的推荐指数。影响快手推荐指数的因素主要有以下几种。

(1) 活跃度推荐　活跃度跟创作者账号发布的视频数量相关,发布的视频越多,账号的活跃度越高。要提升活跃度,就要不断发布视频,不断有新内容,快手平台才会推荐给更多用户。不经常更新视频,平台自然会减少该账号的推荐次数。

(2) 原创度推荐　原创视频是快手平台赖以生存的重要基础。如果活跃度是量,那么原创度就是质,只有质与量的结合才能使平台持久运营。所以,快手平台对原创的保护力度很大,原创视频更容易获得平台推荐。

(3) 题文相符度推荐　夸张的标题有助于吸引观众观看,但一定要把握度,题文要相通,否则容易引起用户举报,影响平台推荐。

(4) 互动度推荐　互动度是作品受欢迎程度的重要体现,互动度包括关注、点赞、评论、转发等。多与观众互动,引导观众关注、点赞、评论,才会增加推荐次数,如图 6-2-8 所示。

(5) 垂直度推荐　垂直度体现了创作者的专业水平。应注重账号的领域定位,尽量制作垂直领域的视频。平台会为账号打上标签,更多地推荐给该领域的用户。

2. 视频时长

在快节奏的时代,用户在单个娱乐内容中所用时间越来越短,视频碎片化趋势明显。而

图 6-2-8 互动

短视频可以充分利用大家碎片化的时间,观看更多具有吸引力和有创意的视频。快手短视频的时长有 3 种。

(1) 11 s 以内短视频　这类短视频制作难度较低,只需一部智能手机。视频内容大多丰富有趣,只要有趣程度在平均线上,能给感官带来新鲜感,就可以不断吸引用户观看,提高用户黏度,传播范围广。由于制作简单便捷,这类短视频给普通大众创造了机会,每个用户都能成为短视频的创作者。

(2) 57 s 以内短视频　一般来说,用户群体偏好 15 s 以上、半分钟以内时长的短视频,这一长度即可以完整讲述简短的故事,又避免用户失去兴趣,因此大多数新媒体运营者常选用这个时长范围。

(3) 5 min 以内短视频　包含的内容更多,但是,如果内容不够有趣,用户往往失去观看的意向,严重的还会导致粉丝负增长,所以对视频质量要求较高。

如非必要,尽量将时长控制在 15 s 以上、30 s 以内。过短则内容不够,容易在海量作品中沉没;过长则容易让观众失去观看兴趣,影响完播率。

3. 发布时间

运营初期,选择平台流量活跃最高峰时段发布是最为稳妥的选择。平台流量活跃时段一般是用户休息时间,如中午午休时间 12:00~14:00,下班后的晚饭及休息时间 18:00~20:00,20:00~22:00 等,如图 6-2-9 所示。而从调研数据看,快手平台用户最活跃的时间是在 18:00~20:00,恰好是用户晚饭后的休息时间,所以运营者一般选择在这个时间段发布视频。20:00~22:00 可以作为备选发布时间。

高峰使用时段是用户需求集中的时段,此时发布短视频信息,更易贴合用户需求,被推送时也能获得更多用户观看,获得更多的播放量。

4. 打造账号人设

打造账号人设系统,被观众认识和记住。快手账号更像是养成游戏,运营者要经营好账

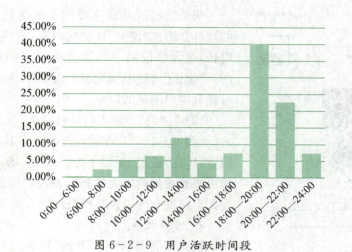

图 6-2-9 用户活跃时间段

户"人"的属性。几乎每个类别排名靠前的名称和头像都具备相似特点,如名称不含有生僻字,可以直观地表明经营者的身份,容易传播;头像以真人头像为主,与整体发布内容统一,有辨识度,可以加深观众对经营者的印象。例如,快手平台红人"陈陈美食"的个人主页,如图 6-2-10 所示。

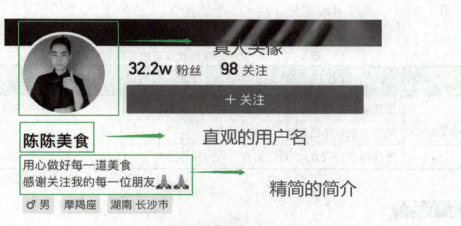

图 6-2-10 "陈陈美食"的个人主页

账号简介,采用最精简的词描述账号。由于主页直接显示的简介信息只有 3 行文字,其他多出来的内容会被归纳到"更多"中,如果不进入账号页面点击,很难被发现。所以应在 3 行文字内展示所有重要信息。账号人设定位越鲜明,则推送越准确,而且将账号打造为具有鲜活情感的"人",更易取得用户的亲近。

5. "说说"功能

(1) "说说"功能介绍　"说说"是快手的特色功能模块,很多快手账号会利用"说说",告诉粉丝目前的动态,预告下期视频发布时间,并吸引粉丝互动。"说说"的内容一般是一段话或一段文字。

电商 新媒体应用

图 6-2-11 进入"说说"广场

快手"说说"功能主要用于构建熟人与陌生人各半的社群。增加"说说"社交化内容,更容易增加用户使用时长,也为每位快手运营者提供了小型社群的运营空间。"说说"功能限制发布1张图片,对内容的要求更低,可提升用户浏览的效率。

(2)"说说"功能入口 可以从"个人主页"模块中进入,如图 6-2-11 所示。查看更多其他人的"说说"内容,可以在"说说"页面下方点击"广场"查看。"广场"界面可以查看到陌生人发布的说说,"说说"界面则可以查看到自己发布的说说及所关注的人发布的说说。

6. 增加水印

视频可能被其他人下载、转载。可以添加水印,将用户标识附在视频上,防止被恶意抄袭,同时也会产生引流效果。在快手"设置"模块可以打开水印功能。

任务评价

通过完成本任务的学习,请根据表 6-2-1 任务内容,进行自检。

表 6-2-1 快手短视频发布与运营学习评价表

序号	鉴定评分点	分值	评分
1	能独立注册快手账号	30	
2	能独立发布作品并通过审核	30	
3	掌握快手运营方式,通过运营1周内账号达到100以上点赞量	40	

能力拓展

独立注册快手账号,拍摄任意风格的作品在快手上发布,通过运营1周内账号达到100以上点赞量。

知识链接

1. 快手平台发布技巧:可扫描二维码,学习相关文章。
2. 快手常见热门视频分类:可扫描二维码,学习相关文章。
3. 快手账号运营技巧:扫描二维码,学习相关文案。

知识链接

项目六 新媒体短视频平台发布与运营

任务3　哔哩哔哩短视频发布与运营

学习目标

1. 了解哔哩哔哩平台与运营机制。
2. 掌握哔哩哔哩平台账号注册流程。
3. 掌握哔哩哔哩平台发布操作流程。
4. 掌握哔哩哔哩平台运营方式。

任务描述

近来越来越多的视频博主入驻哔哩哔哩(bilibili),一时之间哔哩哔哩火爆全国。哔哩哔哩以青少年人群为主。为了检验你的哔哩哔哩平台运营能力,现在要求你能独立完成注册哔哩哔哩账号,然后发布一条视频,并运用封面与标题的设置技巧以及系统推荐机制,在3天内达到100播放量。

任务分析

想要运营好自己的哔哩哔哩账号,首先应了解平台机制、发布方式以及平台的运营技巧。此任务学习哔哩哔哩的审核与推荐机制,以及视频发布的方法和运营技巧。

任务实施

一、哔哩哔哩的账号注册

1. 平台介绍

哔哩哔哩即 b 站,又称 bilibili,是一个视频平台。平台主要以动漫为主,刚开始运营时二次元的动漫居多,目前已经非常全面,包含游戏视频、原创视频、漫画、音乐等十几个系列。有很多用户(UP 主)每天发布原创视频上传至哔哩哔哩。哔哩哔哩平台也加入了直播系统,主要有游戏直播、娱乐直播等,如图 6-3-1 所示。

2. 账号注册

登录哔哩哔哩官网(https://www.bilibili.com/),点击右上角"注册",跳转到注册主页面,如图 6-3-2、图 6-3-3 所示。

注册成功后,填写邀请码或答题,把账号的相关信息补充完整,就可以在哔哩哔哩账号中发布内容了。

二、哔哩哔哩的发布操作流程

步骤1:打开 PC 端的哔哩哔哩,点击"投稿"进入视频上传界面,点击"上传视频",如

电商 新媒体应用

图 6-3-1 哔哩哔哩主页

图 6-3-2 账号注册　　　　　　　图 6-3-3 注册成功

图 6-3-4 所示。

步骤 2：编辑标题、正文及封面等信息，类型选择"自制"，如图 6-3-5 所示。

图 6-3-4 上传视频页面　　　　　图 6-3-5 添加封面、选择类型

步骤3：添加标签如"♯爱情公寓♯卢本伟"，可以查看更多热度标签，按照发布需求选择，添加视频分类为"鬼畜"，如图6-3-6所示。

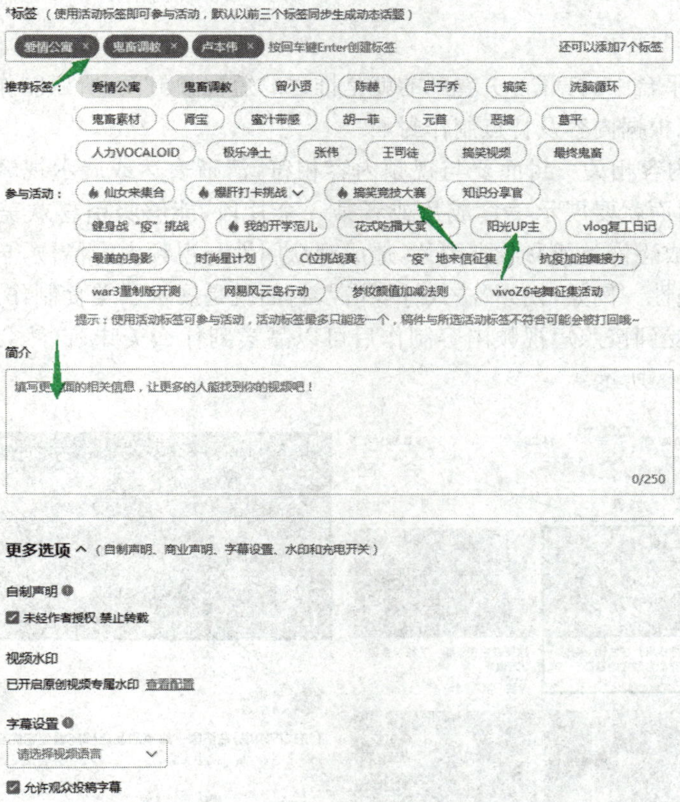

图6-3-6 添加标签

步骤4：点击【发布】完成上传，如图6-3-7所示。

图6-3-7 完成上传

三、哔哩哔哩的运营技巧

哔哩哔哩平台定位精准,成本低,而且用户的依赖性强,有很好的引流效果,一般不需要付费引流。

1. 封面

在哔哩哔哩平台中,打开首页看到的就是推送的短视频封面,所以制作短视频的封面设置不容忽视,可以根据内容及特点制作封面。

(1)封面与内容相关　封面要与视频内容相符,清晰表达或展示视频中心内容。例如美食类短视频,封面就要展示美食成片或者某一个片段,能够吸引喜欢美食类短视频的观众。如果封面换成恐怖类或彩妆类图片,造成观众属性与视频内容错位,自然播放量就无法提升,观众没有黏性。例如,视频"法式柠檬塔",封面就是展示了美食制作的成品图片,让观众可以直观地感受到按照短视频内容制作后可以品尝到什么美味,自然会对这一视频产生兴趣,如图6-3-8所示。

图6-3-8　封面与视频内容相符

(2)激发好奇心　图文配合,让观众产生好奇心,进一步点开视频观看。如图6-3-9所示,封面加上文字"千万别买""烂尾!全员BE!"等。观众想知道是什么东西千万别买,又是什么电影烂尾导致全员BE(bad end,意为坏结局),被封面吸引,点击短视频观看。

(3)统一封面系列　长久运营账号就要准确定位账号。视频封面要统一规划,整齐划一。粉丝仅凭封面就可以快速辨别发布者,提高了辨识度,如图6-3-10所示。

项目六 新媒体短视频平台发布与运营

图 6-3-9 被封面激发好奇

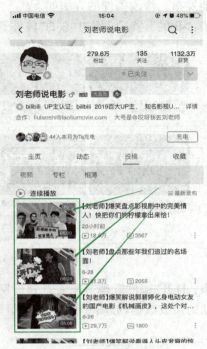

图 6-3-10 统一封面

2. 账号管理

为了获得更多关注，必须做好账号管理，每位 UP 主都应有自己独特的风格。账号按种类分区，如动画类、音乐类、舞蹈类、游戏类、科技类、生活类、鬼畜类、美妆类、美食类、娱乐类等，如图 6-3-11 所示。

在定位账号风格后，要增加符合定位的头像、简介、用户名。设置用户昵称要生动、有趣，还要好记，让用户看一眼就能刻进脑子里；头像一般选择文字图标或卡通人物等。B 站是二次元用户聚集地，这类头像更容易获得用户的青睐。

用户昵称头像设置后不要轻易改动，长期运营才会成为用户心中不变的 UP 主，便可以获得 UP 主独有的标识。

内容风格同样要与账号定位相一致，带给观众专业化的感觉。

图 6-3-11 B 站分区

3. 账号维护

哔哩哔哩有独特的稿件管理模式，管理标题和简介。有的视频内容十分优质，但播放量和关注量却很少，则需调整标题、简介。修改，与新发布的短视频一样，要通过哔哩哔哩的机制审核才能发布。修改稿件的方法如下。

第1步:"我的",找到创作中心的"稿件管理"功能,如图6-3-12所示。

图6-3-12 稿件管理

第2步:打开"稿件管理",能够看到近期发布的视频内容,点击【数据】进入数据中心,查看到视频的播放数据,如图6-3-13所示。

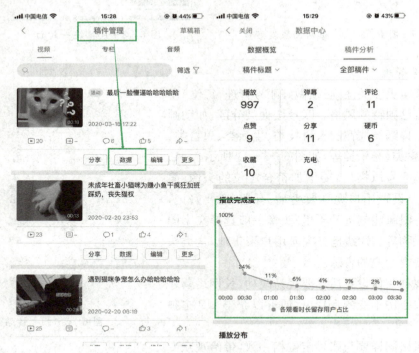

图6-3-13 数据中心

第3步:点击【编辑】按钮进入编辑稿件页面,修改封面、标题、标签等内容,如图6-3-14所示。修改完成后点击右上角的【发布】即可,如图6-3-15所示。

项目六 新媒体短视频平台发布与运营

图 6-3-14 修改

图 6-3-15 发布

任务评价

通过完成本任务的学习,请根据表 6-3-1 任务内容,进行自检。

表 6-3-1 哔哩哔哩发布与运营学习评价表

序号	鉴定评分点	分值	评分
1	能独立完成账号注册	30	
2	能独立发布一个视频	30	
3	3 天更新 3 个视频	20	
4	通过运营在 3 天内获得 100 播放量	20	

能力拓展

注册哔哩哔哩账号,发布一条视频,并独立运营,在 3 天内达到 100 播放量。

知识链接

1. 哔哩哔哩吸粉技巧:可扫描二维码,学习相关文章。
2. 哔哩哔哩过审技巧:可扫描二维码,学习相关文章。
3. 哔哩哔哩审核机制与账号运营:扫描二维码,学习相关文案。

知识链接

电商新媒体应用

任务 4　西瓜短视频发布与运营

> **学习目标**
>
> 1. 熟悉西瓜视频平台和账号注册方法。
> 2. 掌握西瓜视频的发布操作流程。
> 3. 掌握西瓜视频的运营方式。

任务描述

为了能够检验你的西瓜视频平台运营能力,现要求你独立在西瓜视频平台注册一个账号,然后发布一条短视频,利用推荐机制,申请获得图文或视频的原创标签。

任务分析

通过本任务了解西瓜视频平台,掌握西瓜视频平台账号注册流程,学会上传发布西瓜视频;掌握西瓜视频平台的运营方式,包括平台的推荐机制、数据运营、直接变现方法、间接变现方法。

任务准备

1. 网络环境稳定的电脑或者移动设备。
2. 注册西瓜视频账号需要的手机号。
3. 准备素材短视频。

任务实施

一、西瓜视频的账号注册

1. 平台介绍

西瓜视频是国内领先的专业用户内容(PUGC)视频平台,它通过个性化推荐,源源不断地为不同人群提供优质内容,同时鼓励多样化创作,帮助人们轻松地向全世界分享视频作品。目前西瓜视频累计用户数超过 3.5 亿,日均播放量超过 40 亿,用户平均使用时长超过 80 min。

西瓜视频主要以音乐、影视、社会、农人、游戏、美食、生活、体育、文化、时尚、科技为主,目前已与央视新闻、澎湃新闻、BTV新闻等多家知名媒体机构达成版权合作。

2. 账号注册

如果只需发布视频,可以在手机端注册,操作简单,适合新手;如果想深入到数据分析或运营方面的内容,就需电脑端个人自媒体账户注册。

(1)手机端个人账户注册

步骤 1:打开西瓜视频 APP,点击右下角"我"按钮,如图 6-4-1 所示。

步骤2：进入"我"的页面，点击上方"登录/注册"，如图6-4-2所示。

步骤3：输入手机号，填写验证码，勾选"我已阅读并同意"，即可登录完成账号注册，如图6-4-3所示。

图6-4-1　进入西瓜视频手机端首页

图6-4-2　点击登录/注册按钮

图6-4-3　输入验证码完成账号注册

（2）电脑端个人自媒体账户注册　根据本模块项目五任务1的步骤注册头条号。

注册成功后，需要实名认证才能上传视频，发布视频后即可看到西瓜视频的数据、发表视频、内容管理等功能，如图6-4-4所示。

图6-4-4　头条号后台

二、西瓜视频的发布操作流程

步骤1：打开并登录西瓜视频 APP，首页点击右下角"我的"，如图6-4-5所示。

步骤2：点击后会进入个人界面，右上角点击"发布"，选择"上传视频"，如图6-4-6所示。

图6-4-5 登录APP

图6-4-6 选择上传视频

步骤3：进入上传界面后，选择需要上传的视频，点击"√"选项，如图6-4-7所示。

步骤4：最后输入视频标题，选择视频封面，填上简介，选择【发布】，等待视频审核成功即可，如图6-4-8所示。

图6-4-7 选择视频

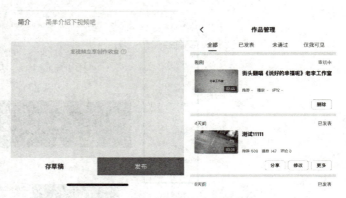

图6-4-8 选封面及发布视频

三、西瓜视频的运营方式

1. 查看昨日数据

登录头条号后台,点击"西瓜视频"→"视频数据"→"数据概览",查看视频昨日播放量、展现量、累计播放时长等数据,如图 6-4-9 所示。

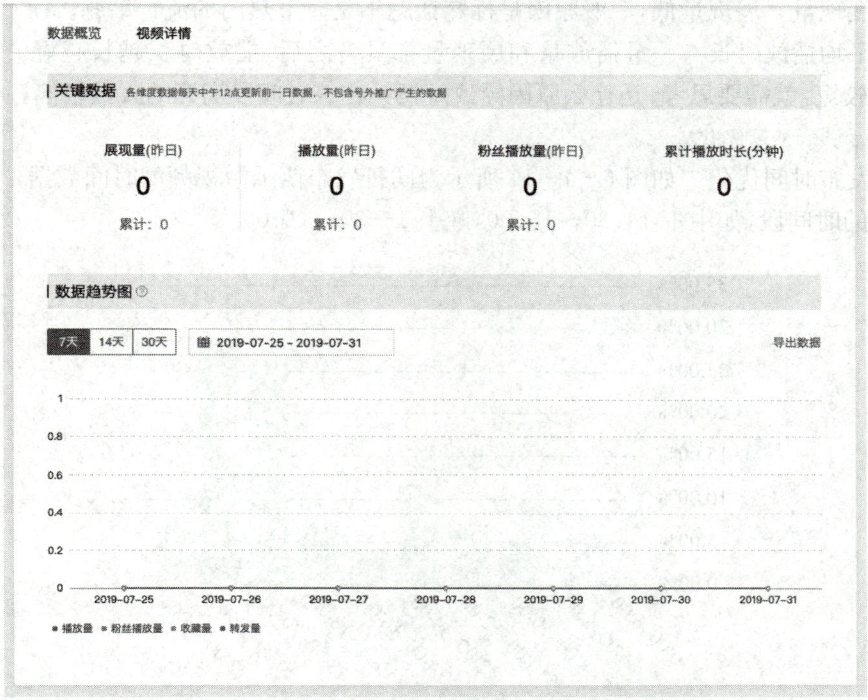

图 6-4-9 查看数据

选择"视频数据"→"视频详情"即可查询某个视频观众的性别比例、年龄分布等,如图 6-4-10 所示。

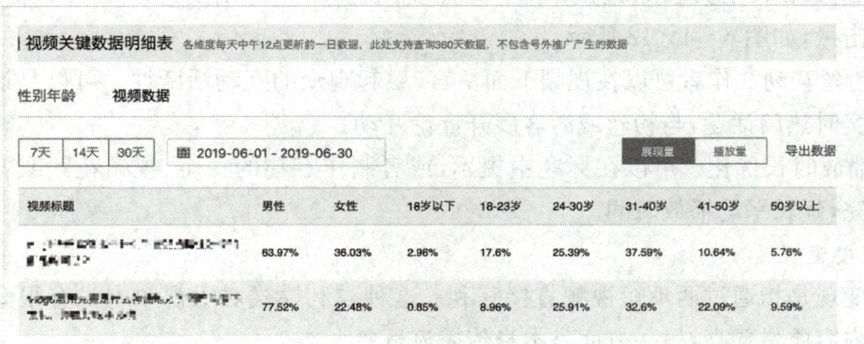

图 6-4-10 查看单个视频数据

2. 短视频数据分析

查看短视频的播放量、展现量、播放时长等数据,针对不同情况,进行分析并找到需要优化的内容。

(1) 播放量　播放量低,可能是因为发布时间与同行重合,导致流量冲突,或由于发布的短视频封面没有引起观众兴趣。

(2) 展现量　展现量低,一般原因是标签话题不是时下热门的流行话题。

(3) 平均播放时长　一量播放量和展现量都具备之后,播放时长越长越好。如果平均播放时长较短,就需要思考,是什么原因导致短视频在该时间段离开的人数较多。

3. 短视频运营优化

(1) 发布时间优化　如图 6-4-11 所示为同行发布西瓜短视频的时间数据。可以错开发布较多的时间段,如中午 14:30~15:00,晚上 16:30~18:00。

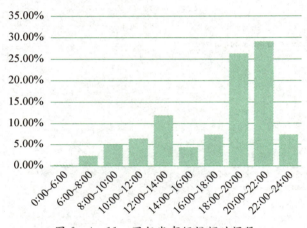

图 6-4-11　同行发布短视频时间段

(2) 短视频标题和封面优化　封面、标题要与内容符合、相关,能使观众了解到视频的大概内容和重点。西瓜视频平台主打"给你新鲜好看",短视频封面与标题一定要新鲜、有吸引力,可以通过修图、修改原版音乐封面,蹭热度,吸引用户,利用系统的精准人群进行推荐和增加点击量,如图 6-4-12 所示。

(3) 粉丝互动　作者可以在视频下面留言,激起观众的互动活跃性。可以是话题互动,讨论当下实时热门话题,与粉丝或游客展开评论互动。

(4) 播放时长优化　可以在标题中提示,或者制作有趣的片尾、视频花絮或者彩蛋,吸引观众看完,延长平均播放时间。

4. 直接变现

直接变现是指通过西瓜短视频直接获利。这种盈利模式对短视频本身有很高的要求,一方面是内容质量要高,另一方面是本身传播流量要大。

(1) 视频获取收益　可通过两种方式发布视频、投放头条广告来获取视频收益。第一种方式,在头条号后台发表视频时,选择投放广告;第二种方式,在西瓜视频 APP 上发布视

图 6-4-12 发布音乐封面

频,默认投放广告(无需手动勾选投放)。通过今日头条 APP 发布的小视频是没有收益的,而且国家机构与其他组织类账号暂不支持开通广告权限。

(2)视频收益查看　登录头条号后台,点击左边的"西瓜视频"→"收益分析";或者进入西瓜视频 APP,点击"我的"→"创作中心"→"收益概览"即可查看,如图 6-4-13、图 6-4-14 所示。

图 6-4-13 收益概览

图 6-4-14 视频收益查看

电商 新媒体应用

任务评价

通过完成本任务的学习,请根据表6-4-1任务内容,进行自检。

表6-4-1 西瓜视频平台发布与运营评价表

序号	鉴定评分点	分值	评分
1	能独立注册西瓜视频账号	20	
2	能通过西瓜视频平台发布视频	20	
3	掌握西瓜视频推荐机制	20	
4	掌握西瓜视频数据运营方式	20	
5	掌握西瓜视频直接变现和间接变现方法	20	

能力拓展

1. 在西瓜视频平台成功发布1条短视频。
2. 申请获得图文或视频的原创标签。

知识链接

1. 西瓜视频运营技巧:可扫描二维码,学习相关文章。
2. 西瓜视频账号权益:可扫描二维码,学习相关文章。
3. 西瓜视频审核机制与运营:可扫描二维码,学习相关文案。

知识链接

▶任务5 美拍短视频发布与运营

学习目标

1. 了解美拍短视频平台并注册账号。
2. 掌握美拍短视频的基本发布操作流程。
3. 掌握美拍短视频的运营方式。

任务描述

选择在美拍发布作品,并了解软件的账号注册和发布方法,再进一步运营账号。为了能获得关注和点击量,现要求你利用美拍的审核和推荐机制、内容运营方式、账号运营方式等精心运营,使作品获得点赞关注,增加账号粉丝。

项目六 新媒体短视频平台发布与运营

任务分析

美拍是一款可以直播、制作小视频的软件。想要自己制作的小视频可以被更多人看到,不仅要遵守美拍的内容发布、审核机制,还要了解他们的视频推荐机制,同时合理运营,才能让短视频成为热门,被更多用户看到并进一步变现。

任务准备

1. 网络环境稳定的电脑或者移动设备。
2. 准备一段视频素材。
3. 准备可用于账号注册的 QQ 号或微信号。

任务实施

一、美拍的账号注册

1. 平台介绍

(1) PC 端介绍　美拍在电脑端总共有 16 个模块,主要是热门、直播、搞笑、爱豆、舞蹈、音乐、美食等。直播属于在线互动聊天,直播者大部分为网红,赚取粉丝经济,小部分是淘宝和厂商直播带货。美拍 PC 端功能主要是直播和上传视频,无法制作视频。

在 PC 端还有 3 个模块,分别是"美拍 M 计划""什么是美拍""玩转美拍",让新用户可以在最短的时间内了解和学会使用美拍,如图 6-5-1 所示。

图 6-5-1　美拍 PC 端主页

(2) 手机端介绍　如图 6-5-2 所示,美拍手机端有 19 个模块,主要有直播、美妆、穿搭、美食、宝妈、吃秀等。手机美拍有拍摄功能,可以拍摄视频并编辑发布。还有一键拍摄功能,会根据选择的魔法特效拍摄,如宝宝长相预测、超火快闪、珍珠女孩特效等。用一键拍摄功能拍出来的视频不用编辑,可以直接发布。

在美拍刷视频的过程中还会出现"喜欢内容选择",可选择感兴趣的视频内容,例如美食、时尚、游戏、搞笑等,美拍会根据选择进行刷新。

图 6-5-2　美拍手机端主页及类目

2. 账号注册

步骤1：打开美拍短视频 APP，点击右下角的"我"按钮。

步骤2：进入"我"的页面，点击上方"登录/注册"，如图 6-5-3 所示。

步骤3：填入手机号码，点击"同意规则并登录"，即可完成登录/注册，进入主页面，如图 6-5-4 所示。

图 6-5-3　点击登录/注册按钮　　　　图 6-5-4　输入手机号码完成注册/登录

二、美拍视频的发布操作流程

步骤1：手机端打开美拍APP，进入主界面。

步骤2：点击"＋"进入拍摄模式，点击"导入"，在相册中选择已剪辑的视频，点击【下一步】，如图6-5-5所示。

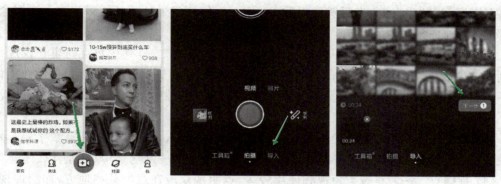

图6-5-5 导入视频

步骤3：视频导入后点击【下一步】，编辑文案，添加话题，设置封面，点击【发布】，如图6-5-6所示。

图6-5-6 完成发布

三、美拍的运营技巧

1. 吸"睛"标题

视频的标题是吸引用户的重要因素。视频没有文字，需要标题让用户直观看出分类。注意不要触及美拍的"禁区"，即不要做标题党，不能只专注标题而不做内容；标题中也不宜出现挑逗、低俗、夸张的词语，否则不能通过审核，严重的还会被封号。

标题要选择可以抓住眼球的内容，例如一些伤感文字、美食介绍、悬疑话题等，也可以选择设置疑问，引起观众观看、互动的欲望，例如"川总监好像说的挺有道理的！你们的圣诞节选好和谁一起过了吗？"

系统通过识别标题和内容将视频归类,决定投放到哪个频道。与纯文字类内容和图文类内容相比,系统无法只根据图像识别此视频属于哪类内容,也就无法精准推送到相应的用户。所以,利用标题文字,辅助提取视频中的关键词,然后精准推送,所以标题非常重要。拟定标题的方式有很多种,常用的有以下几种类型。

(1) 疑问法或反问法　以设问或者反问的方式引起观众的好奇心,让观众产生阅读兴趣,例如,疑问句"少女们,来听舅舅唱歌,1~10 分,你打多少分?",反问句"这个漂浮仓,连猪都能浮起来?还睡着了?"

(2) 热点式　热点式标题一直是运营者最常用的方法之一,利用热点时事一夜爆红的案例不在少数,一般是利用最新的新闻热点、娱乐热点、社会热点等,也可以是旧的热门话题翻新。总之,选择的关键词一定是广为人知并且具有讨论性的,例如"关晓彤同款三明治真的不抗饿"。

(3) 数据法　利用数据标题可以让内容更具有吸引力、可信度。要注意数字要与视频相关联,可量化,例如"20 年老夫妻的真实写照,我太难了""一顿吃 4 300 元是什么体验"。

(4) 捉痛点　一般科普类短视频使用较多,点明观众最在意的某些地方,如测评视频、生活科普、医美体验等,例如"擦防晒霜后多久有效果?黑科技实测告诉你"。

2. 聚焦热点

在新媒体平台上,热点最具有吸引力,如何选择热点话题也是一门学问。注意在关注度高的热点话题上,要谨言慎行。

美拍上热点话题设置方法如下:在视频发布页面点击"#"进入话题界面,添加话题,如果没有符合视频内容的话题可供选择,可以在"自定义话题"输入框中输入,再选择话题,点击【发布】即可,如图 6-5-7、图 6-5-8 所示。

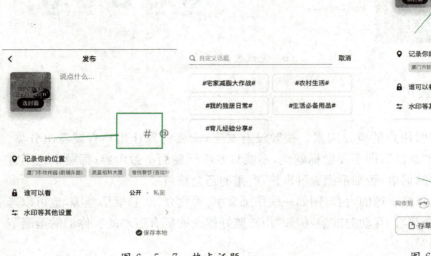

图 6-5-7　热点话题

图 6-5-8　添加、发布

项目六 新媒体短视频平台发布与运营

3. 积极互动

用心做视频的作者就可以吸引到更多的粉丝,更多的分享,可大大地增加流转数量,进一步提高粉丝量。同时积极和粉丝交流,讨论话题;参加其他作者的评论,增加互动,促进粉丝的活性。

例如,"蜜子君"在每一条视频评论下方都会留下互动问题,和粉丝一起探讨,让很多粉丝参与其中。

任务评价

通过完成本任务的学习,请根据表 6-5-1 任务内容,进行自检。

表 6-5-1 美拍短视频发布与运营学习评价表

序号	鉴定评分点	分值	评分
1	在美拍 APP 注册,资料完整	15	
2	能运用美拍视频功能发布一个 15 s 短视频	15	
3	运营 1 周,获得 100 以上点赞	30	
4	更新美拍视频,两天发布两个原创小视频	30	

能力拓展

1. 在美拍短视频平台注册成功,并发布 1 条短视频。
2. 通过运营让发布的短视频 1 周获得 100 以上点赞。

知识链接

1. 美拍短视频小技巧:可扫描二维码,学习相关文章。
2. 美拍介绍:可扫描二维码,学习相关文章。
3. 美拍审核机制与账号运营:扫描二维码,学习相关文案。

知识链接

任务 6　微视短视频发布与运营

学习目标

1. 了解微视短视频平台与审核机制。
2. 掌握微视短视频账号注册方法。
3. 掌握微视短视频发布操作流程。
4. 掌握微视短视频运营方式。

任务描述

选定合适的平台后,需要了解平台的信息、账号注册操作和运营方式等。为了能够快速上手,本任务介绍案例,分析微视短视频账号注册、审核和推荐机制、内容和账号运营方式。要求你通过实际操作,独立发布视频并运营。

任务分析

微视是腾讯出品的短视频平台,在 QQ、微信上可以无障碍传播,并快速引流,更适合起步阶段的短视频作者。了解微视短视频平台的操作方法与审核机制,掌握平台的推荐机制,可以更快地让自己的视频成为热门。

任务准备

1. 网络环境稳定的移动设备。
2. 下载安装微视 APP。
3. 准备一段原创视频素材。
4. 准备 QQ 或微信账号,用来注册微视。

任务实施

一、微视的账号注册

1. 平台介绍

微视用户可通过 QQ、微信账号登录,将拍摄的短视频同步分享到微信好友、朋友圈、QQ 空间等社交平台。如图 6-6-1 所示,微视 APP 界面有"首页"小视频、"频道"、发布录制视频、"消息"以及"我"5 个小界面。其中,首页小视频由"推荐小视频"和"关注视频"以及"直播"3 个模块构成。"频道"中有腾讯微视的其他内容,如创造营 2020、挑战赛、两会、肺炎防治等一些热点内容。在"频道"上方可以搜索用户、话题、作品等内容。

2. 账号注册

步骤 1:登录微视 APP 主页,选择 QQ 登录或者微信登录,同意微视获得权限,进入个人主页界面,如图 6-6-2 所示。

步骤 2:登录后补全信息,昵称选择自己名字或者用行业相关名称。填写账号的理想和定位等。头像可以选自己的照片,或者与行业相关的图片。头像要高清、有特点,能吸引用户注意,如图 6-6-3 所示。

步骤 3:注册成功之后,就可以观看、收藏短视频了,开始运营微视。

二、微视短视频的发布操作流程

步骤 1:打开微视 APP。

步骤 2:点击下方的"+"号,选择本地文件上传,将剪好的视频导入微视,如图 6-6-4 所示。

项目六　新媒体短视频平台发布与运营

图6-6-1　微视主页及类目

图6-6-2　微视登录界面及个人主页

图6-6-3　填写微视信息

电商新媒体应用

图 6-6-4 导入视频

步骤 3：导入视频后，编辑文案与话题内容，如话题选择"#爱情"，调整封面，即可点击【发布】，完成视频上传，如图 6-6-5 所示。

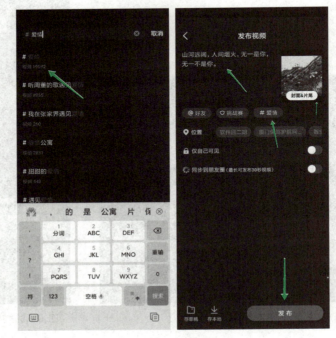

图 6-6-5 发布视频

6-38

三、微视短视频的运营方式

1. 创新视频

模仿短视频始终涨粉有限,而且很难去变现。随着微视审核和推荐制度越来越完善,用户眼界变高,想要做好微视短视频,必须坚持原创、有创意,才能获得专属粉丝。

2. 短视频质量

创意视频内容和精良的制作是立足之本。劣质的搬运视频,不加解说、不加字幕、视频模糊,得不到粉丝的关注和平台推荐。创意内容加精良清晰的视频,以及明确的受众方向,才会造就"网红"。

3. 贴纸功能

微视最突出的功能是贴纸,很有创意,可以运用贴纸,让视频内容更加丰富有趣,有更强的互动性与新鲜感,增加视觉体验,如图6-6-6所示。

图6-6-6 微视贴纸功能

步骤1:打开微视APP,点击视频下方"+"按钮。

步骤2:点击"拍摄"可以直接拍摄视频,点击"本地上传"选择拍好的视频,这里选择"本地上传"。

步骤3:选择相应的视频,通过滑动滑块调整视频时长,点击"其他视频"可以添加视频片段。点击【选好了】按钮确定选择视频,如图6-6-7所示。

步骤4:点击"贴纸"功能,点击选择贴纸即可置入视频。注意风格与视频要尽量一致,例如风景类的选择"打卡"选项添加时间或地点等,如图6-6-8所示。

步骤5:选择其中一个贴纸,滑动滑块选择该贴纸在视频上停留的时长,按住拖动贴纸可以改变位置。点击贴纸左上角的"×"可以删除贴纸。调整完成后,点击"√"按钮完成贴纸,亦可点击"添加贴纸"添加新的贴纸,如图 6-6-9 所示。

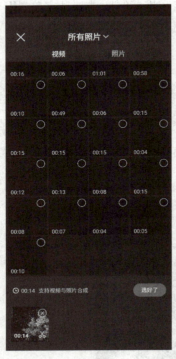
图 6-6-7 微视选择视频图

图 6-6-8 微视贴纸功能

图 6-6-9 微视设置贴纸功能

4. 跟拍

微视将"跟拍"选项放到了播放首页,对于跟拍的短视频予以更多关注。可以寻找已经大火的视频跟拍,蹭热度,吸引更多流量和吸引粉丝,如图 6-6-10 所示。

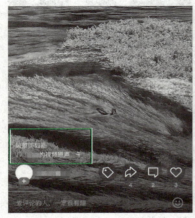 
图 6-6-10 跟拍入口

步骤1：微视跟拍短视频。选择视频，点击视频下方"分享"按钮，如图6-6-11所示。
步骤2：在弹出框下方，选择"跟拍"按钮，如图6-6-12所示。

图6-6-11 分享

图6-6-12 跟拍入口

步骤3：屏幕左边有原视频辅助拍摄（如果影响拍摄，可以双击选择关闭）。拍摄的角度和物体摆放与原视频接近之后，点击屏幕下方白色圆形按钮即可开始拍摄。右边"翻转"可翻转摄像头，方便跟拍不同摄影角度。"滤镜"功能可以添加不同的特效，如标准、自然、清澈等。"美颜"功能可以给人物美肤瘦脸等，如图6-6-13所示。

步骤4：点击"更多"按钮则会弹出黑色框，选择倒计时、闪光灯、虚帧、变速、定点停等功能，点击即可使用，如图6-6-14所示。

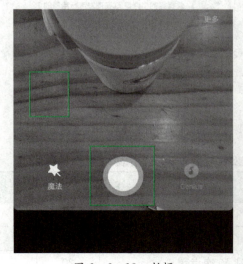

图6-6-13 拍摄

图6-6-14 更多功能

电商 新媒体应用

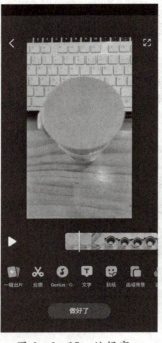

图 6-6-15 编辑窗口

步骤 5：击右下角【拍好了】按钮，选择一键出片、剪辑、BGM、文字等。完成后点击【做好了】按钮，如图 6-6-15 所示。

步骤 6：最后添加视频名称，可以添加话题以及@好友，最后点击发布。亦可选择存草稿或存本地保存视频。

5. 善用平台推广

微视是腾讯旗下短视频平台，腾讯对微视的支持也不遗余力。善用腾讯的应用，引流效果会更好。

QQ 作为最早的即时通讯软件，用户群体非常庞大。QQ 用户以青中年人为主，对新鲜事物的接受度较高。在发布视频时，只需勾选就能同步到 QQ 空间。QQ 空间的转载能力十分强大，能够带来大量的粉丝群体，如图 6-6-16 所示。

可以通过微信的朋友圈和公众号引流。当具备一定粉丝数量时，可以反过来应用微信公众号销售商品或广告宣传，达到变现效果。两者相辅相成，只要合理运用，完全可以达到良性循环，增加粉丝量的同时完成变现。

图 6-6-16 QQ 空间转发

任务评价

通过完成本任务的学习，请根据表 6-6-1 任务内容，进行自检。

表 6-6-1 微视短视频发布与运营学习评价表

序号	鉴定评分点	分值	评分
1	下载微视 APP 并注册账号	10	
2	在微视发表一个视频	20	
3	将微视视频转发到 QQ 空间，3 天能达到 50 次点赞	20	
4	1 周内通过运营达到 30 以上的粉丝数	50	

项目六 新媒体短视频平台发布与运营

能力拓展

1. 在微视短视频平台注册账号并发布一条短视频。
2. 在微视平台发布视频成功后,转发到朋友圈和 QQ 空间。
3. 连续 2 天在微视短视频平台发布两个小视频。

知识链接

1. 微视如何提高播放量:可扫描二维码,学习相关文章。
2. 如何在微视拿到第一桶金:可扫描二维码,学习相关文章。
3. 微视审核机制与账号运营:扫描二维码,学习相关文案。

知识链接

《电商新媒体应用》课程标准

一、课程名称
电商新媒体应用

二、适用专业及面向岗位
适用于职业教育电子商务专业,主要面向新媒体运营及网络营销岗位。

三、课程性质
本课程以新媒体文章与新媒体短视频为立足点,以 Adobe Premiere、VN、快剪辑、Inshot、剪映为软件工具,结合丰富的理论知识和大量的精美案例,帮助学生快速、系统、深入地了解新媒体运营的工作流程与相关标准化要求、文章与短视频的制作思路,掌握新媒体文章、短视频平台的内容设计流程与方法,掌握其发布方式。使学生能够根据文章、短视频发布与运营等方式,完成新媒体账号日常运营工作,提高学生适岗能力。

四、课程设计

(一) 设计思路
本课程以实践为基础,遵循学生的认知规律和能力培养规律,根据大量的文章排版、文章撰写、短视频拍摄、短视频剪辑等实操任务的相互衔接、支撑关系,以培养学生掌握 PR、VN、快剪辑、Inshot、剪映等应用软件以及新媒体运营的基础知识与运营方法,并能熟练运用所学习的知识和能力来指导实际工作,具备解决实际问题的基本能力为主线,明确每个任务的学习目标。

(二) 内容组织
通过本课程的学习,学生能了解文章的排版、撰写等理论和思路,了解短视频脚本策划与拍摄思路。先通过文章文字排版、文章图片处理以及 H5 页面制作等,熟悉新媒体文章的排版方法;通过新媒体文章撰写等案例,掌握新媒体文章写作思路与方法。再通过各类短视频的拍摄、PR、VN、快剪辑、Inshot、剪映等软件剪辑案例,完成从策划、拍摄、剪辑到一部完整的新媒体短视频制作。能够通过不同的运营手法,熟练发布与运营新媒体文章与短视频,提升账号粉丝与流量。培养学生从事相关岗位的职业道德、严谨的工作态度和良好的团队合作意识。

电商 新媒体应用

五、课程教学目标

（一）知识目标

（1）掌握文章排版格式与配图处理技巧相关知识；

（2）掌握文章封面图、ICON 图标、九宫图、GIF 图的制作技巧；

（3）掌握 H5 页面设计流程；

（4）掌握新媒体文章写作策划书的策划思路与方法；

（5）掌握不同类型的短视频脚本设计思路与方法；

（6）掌握短视频拍摄器材参数设置与场景灯光布置方法；

（7）掌握制作胶片感老电影效果视频的剪辑技巧；

（8）掌握嵌套工具的使用方法；

（9）掌握 Pr 轨道遮罩键、亮度键、Lumetri Color 功能；

（10）掌握 Pr 混合模式的使用方法；

（11）掌握使用 VN 提取音频的方法；

（12）掌握手机剪辑软件剪辑、背景音乐与字幕添加方法；

（13）掌握新媒体文章发布平台的审核机制与注册流程；

（14）掌握短视频发布平台的内容审核机制与注册流程。

（二）能力目标

（1）会使用办公软件 WPS、135 编辑器等文章排版常用工具；

（2）会使用 H5 页面制作工具设计不同类型的 H5 页面；

（3）会撰写不同类型的新媒体文章；

（4）会拍摄不同类型的短视频；

（5）会使用电脑端 Pr 剪辑软件以及手机端 VN、快剪辑、Inshot、剪映等剪辑软件进行短视频剪辑；

（6）会运营不同平台发布的新媒体文章与短视频内容。

（三）素质目标

（1）具备认真负责的职业素养；

（2）具备岗位要求的良好职业道德素质；

（3）具备较强的责任意识和安全意识；

（4）具备善于分析问题并提出解决问题的专业素质；

（5）具备良好的沟通能力和文字表达能力；

（6）具备良好的拍摄与剪辑能力。

六、参考学时与学分

参考学时：48 学时；参考学分：3 学分。

《电商新媒体应用》课程标准

七、课程结构

序号	学习任务（单元、模块）	项目名称	知识、技能、态度要求	教学活动设计	学时
1	新媒体文章内容制作	网络编辑基础	1. 新媒体文章文字排版与处理：熟悉新媒体文章文字基础排版要求；掌握文章排版的具体操作，能熟练使用 WPS 2018 版办公软件排版，会使用 135 编辑器排版，掌握调整字间距、行间距、字体颜色、标题样式、生成长图等功能，可以通过 Tagul 生成文字云。 2. 新媒体文章图片处理：熟悉文章图片处理技巧，会使用 PPT 调整图片的尺寸、边框、背景色，能制作 icon 图标，掌握联合、剪除、相交、组合、拆分功能，能独立完成竖版海报九宫图制作，掌握 LlCEcap、GifCam、极速 GIF 录制工具使用，能够完成 GIF 图制作。 3. 新媒体 H5 页面制作：熟悉 H5 页面制作的类型与流程，能够使用易企秀、MAKA 等工具制作 H5 页面邀请函页面、产品宣传页面。	讲授 实操演示 能力拓展 知识链接	12
		文章内容创作	4. 历史类文章内容创作：熟悉历史类文章策划书思路与方法，掌握历史人物类和历史类文章创作方向，会使用疑问式标题、开门见山型开头、摆论据、收尾呼应结尾法等写作方式撰写历史类文章。 5. 星座类文章内容创作：熟悉星座类文章策划书思路与方法，掌握星座文章主流创作方向（星座科普方向、星座性格方向、星座情感方向），会使用数字式标题、波澜不惊型开头、实用知识对比、启发式结尾等写作技巧撰写星座类文章。 6. 情感类文章内容创作：熟悉情感类文章策划思路与方法，掌握情感类文章的创作方向，会使用情感型标题、疑问式开头、金句案例、揭示式结尾写作情感类文章		

续 表

序号	学习任务 (单元、模块)	项目 名称	知识、技能、态度要求	教学活动 设计	学时
2	新媒体短视频制作	短视频拍摄	1. 美食类短视频拍摄：掌握美食类短视频观看人群信息，完成脚本策划与分镜设计，掌握可调节支架、柔光箱使用方法，能够通过近景与全景切换拍摄美食类短视频。 2. 商品类短视频拍摄：掌握商品类短视频观看人群信息，掌握 15s 以内和 1min 以内不同短视频的展示特点，独立完成商品类短视频脚本策划与分镜设计，使用手机网格功能辅助构图，能够使用补光灯补光，可以完成从近景手推到全景的拍摄过程，完成商品类短视频拍摄。 3. Vlog 类短视频拍摄：掌握 Vlog 拍摄思路与脚本策划，会使用云台稳定器，使用手机运用顶角拍摄、俯拍与正面拍摄等拍摄手法拍摄 Vlog 短视频。 4. 舞蹈类短视频拍摄：掌握舞蹈类短视频脚本与分镜脚本撰写，会挑选合适的背景音乐，会使用云台，运用全景、固定机位的拍摄方式拍摄舞蹈类短视频。 5. 搞笑类短视频拍摄：掌握搞笑类短视频脚本策划与分镜设计，会使用手机与三脚架，通过固定机位拍摄搞笑类短视频。 6. 技术流短视频拍摄：掌握技术流短视频观看人群信息，掌握技术流短视频脚本策划，能够通过分镜设计使镜头间衔接流畅无错位，完成技术流短视频拍摄。	讲授 实操演示 能力拓展 知识链接	16
		短视频剪辑与后期处理	7. 用 Pr 软件剪辑短视频：掌握 Pr 剪辑软件的基本使用，会使用嵌套、轨道遮罩键、亮度键、Lumetri Color、混合模式等完成胶片感老电影放映机效果剪辑，能够使用高斯模糊、关键帧等功能完成鬼畜类短视频剪辑。 8. 用手机剪辑软件剪辑短视频：掌握 VN、快剪辑、Inshot、剪映的基础操作，会使用 VN 提取音频、增加字幕、剪辑视频，使用快剪辑添加剪切标记、添加动态特效、调整画面饱和度，会使用 Inshot 给短视频片段添加字幕与滤镜，会使用剪映剪辑、调整短视频音乐与滤镜		

续 表

序号	学习任务 (单元、模块)	项目 名称	知识、技能、态度要求	教学活动 设计	学时
3	新媒体平台运营	新媒体文章平台发布与运营	1. 今日头条平台发布与运营：掌握今日头条审核机制，能完成今日头条账号注册，会在今日头条独立发布文章，完成文章的运营与推广。 2. 简书平台发布与运营：掌握简书审核机制，能在PC端与手机端完成简书账号注册，会在简书独立发布文章作品，完成文章的运营与推广。 3. 百家号平台发布与运营：掌握百家号的审核机制，能完成百家号账号注册，会在百家号独立发布文章，完成文章的运营与推广。 4. 大鱼号平台发布与运营：掌握大鱼号的审核机制，能完成大鱼号账号注册，会在大鱼号独立发布图文作品、短视频、小视频、图集，完成内容的运营与推广。	讲授 实操演示 能力拓展 知识链接	15
		新媒体短视频平台发布与运营	5. 抖音短视频发布与运营：掌握抖音审核机制，能独立注册抖音账号，会制作、发布符合抖音审核标准的短视频，能够独立运营抖音短视频账号，会使用DOU+完成账号推广，掌握商品橱窗的变现方式。 6. 快手短视频发布与运营：掌握快手审核机制，能独立注册快手账号，会制作、发布符合快手审核标准的短视频，能够独立运营快手短视频账号，会使用快手推广功能。 7. 哔哩哔哩短视频发布与运营：掌握哔哩哔哩审核机制，能独立注册哔哩哔哩账号，会制作、发布符合审核标准的短视频，能够独立运营短视频账号。 8. 西瓜短视频发布与运营：掌握西瓜平台审核机制，能独立注册西瓜账号，会制作、发布符合西瓜审核标准的短视频，能够独立运营西瓜短视频账号，会使用西瓜视频收益功能变现。 9. 美拍短视频发布与运营：掌握美拍APP审核机制，能独立注册美拍账号，会完成、发布符合美拍审核标准的短视频，能够独立运营美拍短视频账号，会美拍的运营与推广完成变现。		

续表

序号	学习任务 (单元、模块)	项目 名称	知识、技能、态度要求	教学活动 设计	学时
			10. 微视短视频发布与运营：掌握微视审核机制，能独立注册微视账号，会完成、发布符合微视审核标准的短视频，能够独立运营微视短视频账号，能做好微视的账号定位，通过运营与推广完成变现		
4			机动		5
5			合计		48

八、资源开发与利用

（一）教材编写与使用

遵循职业教育的原则与特点，根据电子商务专业人才培养要求与培养计划，校企合作选用、编写符合电子商务专业教学发展的总体思路、符合学生认知规律、能够与本专业的培养目标相吻合的教材。目前采用企业岗位案例为主的活页式教材，在此基础上编写特色教材《电商新媒体应用》。

（二）数字化资源开发与利用

校企共同开发、利用教学课件、微课、视频等教学资源，让学生可利用校企共同开发的学习软件、移动端，完成在线学习、答疑、知识考核评价等。

（三）企业岗位培养资源的开发与利用

利用企业资源，满足学员岗位实践的需要，根据企业产品和性质制定项目化教学内容，并关注学员职业能力的发展和教学内容的调整。

九、教学建议

校企共同完成课程，企业导师发挥主体作用，主要采用案例教学、现场教学、任务训练、岗位实践等形式，重点培养学生文章编辑、新媒体文章撰写、短视频拍摄与剪辑、新媒体平台运营等能力。学校导师以集中教学形式讲授文章策划与撰写、短视频策划与拍摄、PC端短视频剪辑、手机端短视频剪辑、各大新媒体平台运营的基础知识，教学内容紧密联系新媒体运营与网络营销行业日常工作要求，注重责任安全、职业素养的培养。

十、课程实施条件

导师团队应具电商新媒体教学和行业背景，有行业一线运营相关工作经验，熟悉本课程教学内容。技术先进，设施齐全，可满足学徒操作项目训练要求。

十一、教学评价

阶段性评价和目标评价相结合，理论考核与实践考核相结合，学员作品的评价与知识点考核相结合,并融入岗位工作环境,考核学员的实操能力(业绩考核)。加强评价结果的反馈,改善学员的学习态度,促进学员的职业发展。

考核方式主要采用任务完成情况考核、业绩考核等,考核内容由校企双导师共同确定。

电商新媒体应用课程内容结构

头部（目标）： 胜任新媒体各项任务，符合新媒体运营岗位要求

主干模块与内容

认知新媒体从业兴趣与运营岗位

网络编辑基础
1. 使用文字排版工具美化文章的排版
2. 掌握文字优化排版的具体操作
3. 能制作文章封面图、ICON图标、九宫图、GIF图
4. 独立设计制作不同种类的H5页面

文章内容创作
1. 掌握列提纲的主要步骤与逻辑
2. 学会疑问式、数字式、情感式标题写作
3. 学会运用开门见山型等开头写作手法
4. 掌握多种正文撰写与文章结尾

短视频拍摄
1. 熟悉短视频拍摄流程
2. 通过案例了解如何拍摄不同类型的短视频
3. 了解短视频脚本设计思路
4. 掌握短视频拍摄器材参数设置与场景布置的思路

电脑剪辑与后期处理
1. 了解Pr基础和使用方法
2. 了解胶片老电影效果的剪辑思路
3. 了解鬼畜类短视频剪辑思路
4. 了解特效、音乐、文字转场等效果

手机剪辑与后期处理
1. 了解目前主流的4款手机剪辑软件：VN、快剪辑、Inshot、剪映
2. 了解各种手机剪辑软件的基础操作和功能
3. 了解手机剪辑短视频的基本流程

文章发布与运营
1. 了解目前现有的热门新媒体文章发布平台
2. 了解今日头条、百家号、大鱼号的发布与推荐机制
3. 了解今日头条、百家号、大鱼号账号注册方式

短视频发布与运营
1. 了解6款主流短视频发布平台：快手、抖音、美拍等短视频平台的发布审核机制与内容推荐机制
2. 了解短视频各个平台的注册流程

下部模块（运营能力）

文章发布与运营
1. 掌握今日头条、百家号、大鱼号的发布
2. 掌握今日头条、百家号、大鱼号的内容运营
3. 掌握今日头条、百家号、大鱼号的账号运营与推广方式

短视频发布与运营
1. 掌握6款主流短视频发布平台的注册方法
2. 能独立完成短视频的发布
3. 掌握各短视频平台的内容运营
4. 掌握短视频平台账号运营与推广方式

手机剪辑与后期处理
1. 能独立使用VN完成短视频剪辑
2. 能独立使用快剪辑完成短视频剪辑
3. 能独立使用Inshot完成短视频剪辑
4. 能独立使用剪映完成短视频剪辑

电脑剪辑与后期处理
1. 掌握Pr制作胶片感老电影效果的方法
2. 学会使用Pr剪辑鬼畜类视频
3. 学会饱和度、亮度键、混合模式等工具的使用

短视频拍摄
1. 能够独立写出策划表
2. 掌握分镜脚本制作
3. 能掌握策划、分镜、拍摄实操，能通过拍摄步骤流程拍摄出完整的短视频成片

文章内容创作
（对应上方内容）

网络编辑基础
（对应上方内容）

电商新媒体应用课程内容结构

图书在版编目(CIP)数据

电商新媒体应用/胡玲玲,蒋志涛主编. —上海:复旦大学出版社,2020.7
电子商务专业校企双元育人教材系列
ISBN 978-7-309-15147-3

Ⅰ.①电⋯　Ⅱ.①胡⋯ ②蒋⋯　Ⅲ.①电子商务-传播媒介-职业教育-教材　Ⅳ.①G206.2

中国版本图书馆 CIP 数据核字(2020)第 119222 号

电商新媒体应用
胡玲玲　蒋志涛　主编
责任编辑/张志军

复旦大学出版社有限公司出版发行
上海市国权路 579 号　邮编:200433
网址:fupnet@fudanpress.com　http://www.fudanpress.com
门市零售:86-21-65102580　团体订购:86-21-65104505
外埠邮购:86-21-65642846　出版部电话:86-21-65642845
上海四维数字图文有限公司

开本 787×1092　1/16　印张 13.5　字数 311 千
2020 年 7 月第 1 版第 1 次印刷

ISBN 978-7-309-15147-3/G・2134
定价:45.00 元

如有印装质量问题,请向复旦大学出版社有限公司出版部调换。
版权所有　侵权必究

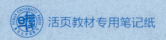

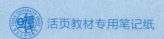

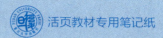

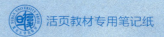

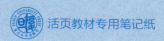

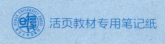

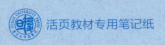